乡村振兴战略·浙江省农民教育培训丛书

茶 叶

浙江省农业农村厅 编

ZHEJIANG UNIVERSITY PRESS
浙江大学出版社
·杭州·

图书在版编目（CIP）数据

茶叶/浙江省农业农村厅编．—杭州：浙江大学
出版社，2023.3

（乡村振兴战略·浙江省农民教育培训丛书）

ISBN 978-7-308-21926-6

Ⅰ.①茶… Ⅱ.①浙… Ⅲ.①茶树－栽培技术

Ⅳ.①S571.1

中国国家版本馆CIP数据核字(2023)第048918号

茶 叶

浙江省农业农村厅 编

丛书统筹	杭州科达书社
出版策划	陈　宇　冯智慧
责任编辑	陈　宇
责任校对	赵　伟　张凌静
封面设计	三版文化
出版发行	浙江大学出版社
	（杭州市天目山路148号　邮政编码 310007）
	（网址：http://www.zjupress.com）
制作排版	三版文化
印　　刷	杭州艺华印刷有限公司
开　　本	710mm×1000mm　1/16
印　　张	11.25
字　　数	190千
版 印 次	2023年3月第1版　2023年3月第1次印刷
书　　号	ISBN 978-7-308-21926-6
定　　价	73.00元

乡村振兴战略·浙江省农民教育培训丛书

编辑委员会

主　　任　唐冬寿

副 主 任　陈百生　王仲淼

编　　委　田　丹　林宝义　徐晓林　黄立诚　孙奎法

　　　　　张友松　应伟杰　陆剑飞　虞轶俊　郑永利

　　　　　李志慧　丁雪燕　宋美娥　梁大刚　柏　栋

　　　　　赵佩欧　周海明　周　婷　马国江　赵剑波

　　　　　罗鸯峰　徐　波　陈勇海　鲍　艳

本书编写人员

主　　编　陆德彪　王仲淼

副 主 编　周铁锋　周竹定　柳丽萍　林　雨

编　　撰　(按姓氏笔画排序)

　　　　　丁洁平　马军辉　马国江　王　霆　王礼中

　　　　　王仲淼　王治海　叶火香　冯海强　任　苧

　　　　　孙淑娟　严慧芬　余玲静　应博凡　张亚丽

　　　　　陆德彪　林　雨　罗文文　金　鑫　金志凤

　　　　　周小芬　周竹定　周铁锋　庞英华　郑旭霞

　　　　　赵　芸　柳丽萍　钱　虹　黄　健　黄伟红

　　　　　蒋炳芳

丛书序

　　乡村振兴，人才是关键。习近平总书记指出，"让愿意留在乡村、建设家乡的人留得安心，让愿意上山下乡、回报乡村的人更有信心，激励各类人才在农村广阔天地大施所能、大展才华、大显身手，打造一支强大的乡村振兴人才队伍"。2021年，中共中央办公厅、国务院办公厅印发了《关于加快推进乡村人才振兴的意见》，从顶层设计出发，为乡村振兴的专业化人才队伍建设做出了战略部署。

　　一直以来，浙江始终坚持和加强党对乡村人才工作的全面领导，把乡村人力资源开发放在突出位置，聚焦"引、育、用、留、管"等关键环节，启动实施"两进两回"行动、十万农创客培育工程，持续深化千万农民素质提升工程，培育了一大批爱农业、懂技术、善经营的高素质农民和扎根农村创业创新的"乡村农匠""农创客"，乡村人才队伍结构不断优化、素质不断提升，有力推动了浙江省"三农"工作，使其持续走在前列。

　　当前，"三农"工作重心已全面转向乡村振兴。打造乡村振兴示范省，促进农民、农村共同富裕，浙江省比以往任何时候都更加渴求

人才，更加亟须提升农民素质。为适应乡村振兴人才需要，扎实做好农民教育培训工作，浙江省委农村工作领导小组办公室、省农业农村厅、省乡村振兴局组织省内行业专家和权威人士，围绕种植业、畜牧业、海洋渔业、农产品质量安全、农业机械装备、农产品直播、农家小吃等方面，编纂了"乡村振兴战略·浙江省农民教育培训丛书"。

此套丛书既围绕全省农业主导产业，包括政策体系、发展现状、市场前景、栽培技术、优良品种等内容，又紧扣农业农村发展新热点、新趋势，包括电商村播、农家特色小吃、生态农业沼液科学使用等内容，覆盖广泛、图文并茂、通俗易懂。相信丛书的出版，不仅可以丰富和充实浙江农民教育培训教学资源库，全面提升全省农民教育培训效率和质量，更能为农民群众适应现代化需要而练就真本领、硬功夫赋能和增光添彩。

中共浙江省委农村工作领导小组办公室主任

浙江省农业农村厅厅长

浙江省乡村振兴局局长

2023 年 3 月

前　言

　　为了进一步提高广大农民的自我发展能力和科技文化综合素质，造就一批爱农业、懂技术、善经营的高素质农民，我们根据浙江省农业生产和农村发展需要及农村季节特点，组织省内行业首席专家和行业权威人士编写了"乡村振兴战略·浙江省农民教育培训丛书"。

　　《茶叶》是"乡村振兴战略·浙江省农民教育培训丛书"中的一个分册，全书共分四章，第一章是生产概况，主要介绍茶的起源与分布、浙江茶叶生产现状；第二章是效益分析，主要介绍茶叶的营养价值，食疗作用，经济、社会与生态效益，市场前景及风险防范；第三章是关键技术，着重介绍茶树品种、生态茶园规划、茶树种植与管理、茶叶采摘、茶叶加工、茶树病虫害绿色防控和防灾减灾；第四章是包装与储存，主要介绍茶叶包装、绿茶储存保鲜和预包装茶叶的标签标识。

　　本书内容广泛、技术先进、文字简练、图文并茂、通俗易懂、编排新颖，可供广大农企业种植人员、加工基地管理人员、农民专业合作社社员、家庭农场成员和农村种植大户学习阅读，也可作为农业生产技术人员和农业推广管理人员的技术辅导参考用书，还可作为高职高专院校、农林牧渔类成人教育等的参考用书。

目 录

SHENGCHAN GAIKUANG

第一章　生产概况

中国是茶的故乡。今天，世界各地使用的茶树栽培技术、茶叶加工工艺及饮茶方法，都直接或间接源自中国。人类对茶的利用经历了由药用、食用到饮用的过程。目前，世界上有160多个国家和地区的人民有饮茶习俗，饮茶人口达20多亿人。茶最早传入浙江可追溯到汉朝，迄今已有2000多年的历史。经过漫长岁月的演变和发展，浙江省茶树栽培技术不断改进，制茶工艺日臻完善，品种品类丰富齐全，产业链条不断延长，茶产业已成为浙江省助农增收的致富产业、美丽茶乡的绿色产业、人民幸福的健康产业、社会和谐的文化产业。近年来，浙江省茶园面积和茶叶产量基本保持稳定，茶叶产值却连年增加，走出了一条"生态高效、特色精品"的茶产业发展之路。

一、茶的起源与分布

（一）茶树的发现

茶树是多年生常绿木本植物，在植物分类学上属于被子植物门双子叶植物纲山茶目山茶科山茶属，为灌木或小乔木，嫩枝无毛。叶革质，呈长圆形或椭圆形。瑞典植物分类学家林奈在1753年出版的《植物种志》中，首次将茶树命名为 *Thea sinensis* U；德国植物学家孔茨于1881年给出茶树的拉丁学名 *Camellia sinensis*（L.）O.Kuntze；1950年，中国植物学家钱崇澍根据国际命名和对茶树特性的研究，确定以 *Camellia Sinensis*（L.）O.Ktze 为茶树学名。

中国是茶的故乡，云、贵、川是茶树的原产地，也是世界上最早发现、利用和种植茶树的地方（见图1.1）。植物学家认为茶树已有6000万～7000万年历史。今天，世界各地使用的茶树栽培技术、茶叶加工工艺及饮茶方法，都直接或间接源自中国。流传在我国西南地区各民族间的许多民间故事、神话传说、史诗和古歌中都有涉及茶。广为流传的有"神农尝百草，日遇七十二毒，得茶而解之"，云南德昂族的民族史诗《达古达楞格莱标》中将茶视为始祖。这些民间传说和故事说明，在原始社会时期，我国西南地区的人民就已经发现了茶。陆羽的《茶经》记载："茶之为饮，发乎神农氏，闻于鲁周公。"陆羽依据《神农食经》等古代文献的记载，认为饮茶起源于神农时代；后世在谈及茶的起源时，也多将神农列为发现和利用茶的第一人。

（二）茶的利用

人类对茶的利用经历了由药用、食用到饮用的过程。

1.药用

我国现存最早的药物学专著——《神农本草经》记载，神农时代，人们就已经发现茶树鲜叶有解毒功能。这说明茶叶是以药用功

图1.1　云南古茶树

能先被发现和利用的，进而从野生发展到人工种植。

2.食用

茶由药用到最终发展为饮用，中间还经过了食用阶段。当时人们将茶视为"解毒蔬菜"，煮熟后与饭菜调和一起食用，除了能增加营养，还能解腻除毒。随后，茶汤的调味技术也开始受到重视和发展。秦汉时期，简单的茶叶加工工艺已经有了雏形，时人用木棒将茶叶鲜叶捣成饼状茶团，晒干或烘干后存放。饮用时，先将茶团捣碎放入壶中，注水进行煮，加上葱、姜、橘子皮等调味，此时的茶叶已成为生活中的食品。

3.饮用

西汉后期到三国时期，茶发展成为宫廷饮料。在宋代秦醇根据《汉书》改编的《赵飞燕别传》中，有情节记载"帝后梦见帝命进茶"，并多次提到了"掌茶宫女"，说明在西汉时期，茶已成为皇室后宫饮品。魏晋南北朝时期，茶开始走入寻常百姓家。唐、宋至今，制茶、饮茶文明已经高度繁荣，茶已成为最被熟知、最普及，并深受我国各族人民喜爱的饮品（见图1.2）。

图1.2　宋代赵佶《文会图》中的茶会场景

（三）茶树的对外传播与分布

茶树最先传到朝鲜和日本。

6世纪下半叶，随着佛教界僧侣的相互往来，茶叶首先传入朝鲜。而日本则在唐代中叶（公元805年）才开始种植茶树。日本僧人最澄和尚来我国浙江天台学佛，回国时携带茶籽种于日本滋贺县，这是中国茶种传向国外的最早记载。

1684年，德国人从日本引入茶籽，并在印尼的爪哇试种，但没有成功；1731年，德国又从中国引入大批茶籽，成功种在爪哇和苏门答腊，自此茶叶生产在印尼开始发展起来。

印度于1788年从我国首次引入茶籽，但种植失败。1834年以后，英国资本家开始从我国引入茶籽，并雇用技术熟练的工人，在印度大规模发展茶叶种植。之后，又相继在斯里兰卡等国发展茶场。

19世纪50年代，英国利用其殖民政策，在非洲的肯尼亚、坦桑尼亚、乌干达等国开始种茶。至20世纪初，茶业在非洲已具相当规模。

目前，世界上有50多个国家引种了中国的茶籽和茶树，160多个国家和地区的人民有饮茶习俗，饮茶人口达20多亿人。

 思考题

1.人类对茶的利用经历了怎样的过程？
2.茶树是如何从我国向世界传播的？

二、浙江茶叶生产现状

茶最早传入浙江可追溯到汉朝，迄今已超过2000年，留下了大唐贡茶院等一批历史遗存（见图1.3）。经过漫长岁月的演变和发展，栽培技术不断改进，制茶工艺日臻完善，品种、品类丰富齐全，产业链不断延长。1949年以后，党和政府对茶产业高度重视，出台了一系列方针政策，迅速恢复并大力发展了茶叶生产。

（一）茶园面积保持基本稳定

2018年，浙江省茶园总面积达300.5万亩（1亩≈666.7平方米），总产量为18.6万吨，总产值为206.9亿元。近年来，茶园面积保持基本稳定。1949年以来，全省茶园面积和茶叶产量经历起

图1.3 位于浙江长兴的大唐贡茶院遗存

伏，如1983年出现了严重的"卖茶难"问题，茶园面积从275.0万亩逐年萎缩；1994年大宗茶大量积压，再次出现"卖茶难"，全省茶园面积下降至190.2万亩，产量徘徊在11万吨；进入21世纪后，全省茶园面积逐渐恢复并增长、名优茶生产快速发展；到2013年，茶园面积首次超过1983年的历史高峰，达到276.1万亩。近年来，尽管浙江省茶园面积、茶叶产量和茶叶产值在全国的地位呈逐年下降态势（2018年分别居第6位、第7位和第4位），但单位面积产出稳居全国首位。

（二）名优茶成为茶产业的支柱

20世纪八九十年代遭遇"卖茶难"冲击时，浙江省在全国率先提出了"积极调整茶类结构、大力发展名优茶""数量少一点、质量好一点、效益高一点"的发展思路，大力挖掘和恢复传统名茶生产，促进了名优茶规模化发展。2004年和2009年还评选了两届浙江省十大名茶。实践证明，名优茶产业的发展实现了全省茶产业从数量型向质量效益型的转变，创造了"助农增收"新的经济增长点。2018年，全省名优茶的产量和产值分别达到8.9万吨和181.6亿元，占全省茶叶总量的47.8%和87.8%，确立了名优茶在浙江茶叶经济中的优势地位(见表1.1)。

表1.1 浙江省茶叶产量、产值与名优茶产量、产值的变化

年 份	1980	1985	1990	1995	2000	2005	2010	2015	2018
茶园总面积 / 万亩	254	223	244	209	193	232	267	295	300.5
茶叶总产量 / 万吨	7.5	9.3	11.7	10.2	11.6	14.4	16.3	17.3	18.6
名优茶产量 / 万吨	—	—	0.4	1.4	2.8	4.6	6.4	8.1	8.9
名优茶产量占全省茶叶总产量比重 /%			3.7	13.4	24.1	31.9	39.3	47.0	47.8
茶叶总产值 / 亿元	2.2	3.7	7.5	12.3	22.8	45.7	90.5	144.1	206.9
名优茶产值 / 亿元	—	—	1.1	6.1	17.4	38.1	84.4	131.0	181.6
名优茶产值占全省茶叶总产值比重 /%			14.6	49.6	76.3	83.4	93.3	90.9	87.8

(三)科技创新引领发展

在无性系良种选育推广方面,浙江省农业农村厅在1990年明确"以无性系为重点的良种工作方向",确定了11个全省重点推广品种。2001年,浙江省人民政府发出《关于加快茶树改良的通知》,全省掀起无性系良种发展热潮。2018年,全省无性系良种面积达到223.6万亩,良种率达到74.4%,比2000年的12.8%提高了61.6个百分点,为全省名优茶产业化发展、种茶效益的快速提高作出了贡献。

在茶叶加工提升方面,浙江省自2003年起在全国率先实施了以改善加工环境、规范加工工艺为重点的初制茶厂优化改造工程,完成了茶叶从传统粗放加工向食品级清洁化、规范化加工的转型。到2008年,全省近3000家初制茶厂得到改造,建立省示范茶厂119家,700多家企业通过食品质量标准(QS)认证。2012年,浙江省农业农村厅以建设连续自动化生产线为重点,启动了"省标准化名茶厂"建设。至2018年,浙江省已建成314家标准化名茶厂,配套建成名优茶生产线278条。浙江省以"农机购置补贴政策"为抓手,大力推进"机器换人"。目前,全省出口大宗茶的机剪机采水平已近90%,名优茶机制率超98%(见表1.2)。

表1.2 浙江省名优茶机械加工和茶叶机械采摘情况（2000—2018）

年份	名优茶机械加工		茶叶机械采摘			
	名茶加工机械数量 / 万台	机制率 /%	采茶机 / 台	机采面积 / 万亩	修剪机 / 台	机剪面积 / 万亩
2000	2.4	48	2577	26	1194	33
2005	8.4	73	3396	45	3455	67
2010	23.8	97	7283	62	13250	150
2015	31.6	98	11009	56	44113	204
2018	34.0	98	11555	53	55347	207

在绿色安全标准化生产方面，20世纪90年代后期，浙江省大部分名优茶制定了包括种植、管理、加工、产品在内的一系列标准。2010年后，浙江省农业主管部门每年会推介发布关于茶树病虫害防治农药的推荐目录，推广有机肥替代化肥、精准施肥、病虫害绿色防控等一大批技术，数字化色板、LED杀虫灯、茶尺蠖及茶毛虫病毒制剂、茶尺蠖性信息素等绿色防控技术得到推广应用，有效保障了茶叶的质量安全。

（四）业态结构优化转型

长期以来，浙江省茶产品都以绿茶为主导，占比在95%以上。近些年，根据市场的需求，浙江省布局了多茶类共生良性发展。2018年，浙江省产绿茶16.9万吨，产值191.3亿元，分别占全省茶产量和产值的90.9%和92.5%；产红茶7995吨，产值12.6亿元，分别占全省的4.3%和6.1%；产黑茶7610吨，产值1.1亿元，分别占全省的4.1%和0.4%。其他茶类有茉莉花茶2660吨、乌龙茶311吨、白茶454吨、黄茶70吨。形成了以绿茶为绝对主导产品，红、黑、青、白、黄茶产品齐全的格局。同时还开发出速溶茶、茶饮料、茶多酚、茶氨酸、茶食品、茶日化用品、茶保健品等深加工新产品，茶叶精深加工产业持续壮大。2018年，全省有茶叶精深加工企业86家，茶叶消耗量达16.8万吨、产值达29.6亿元，其中抹茶产值为2.33亿元。

茶叶全产业链模式得到逐步推广。茶休闲、茶旅游、茶养生等新业态快速发展，松阳、新昌等茶叶主产县致力建设省级茶叶全产业链示范县，也涌现了杭州梅家坞、临海羊岩茶文化园等一批茶业综合体，以及西湖龙坞茶镇、松阳茶香小镇、磐安古茶场文化小镇等茶业小镇。茶叶流通方面，2018年全省茶叶市场有84家，年交易量、交易额分别达16.2万吨和222.4亿元，其中浙南茶叶市场、新昌中国茶市成为中国最大的绿茶和龙井茶交易市场。

（五）茶叶出口优势明显

1949年到20世纪90年代，浙江茶叶生产一直把"保证出口"作为头等大事，兼顾边销需要，适当调剂内销。1950—1992年，浙江茶叶出口量从3741吨增长到44505吨。在这43年中，浙江茶叶出口量占全国茶叶出口的比重最高达44.30%（1950年）。2018年，全省茶叶出口量达到16.90万吨，出口额达5.23亿美元，均居全国各省首位，其出口量、出口额分别占全国茶叶出口总量和出口总额的46.20%和29.40%（见表1.3）。由于出口茶叶以传统珠茶、眉茶等低档大宗茶为主，省内茶农的生产积极性不高，故原料（毛茶）大部分都来自外省。

表1.3 浙江省及全国茶叶出口量

年 份	浙江出口量 / 万吨	全国出口量 / 万吨	占比 /%
1950	0.37	0.85	44.30
2000	9.22	22.80	40.40
2005	15.47	28.65	54.00
2010	15.52	30.24	51.30
2015	15.77	32.50	48.50
2018	16.90	36.58	46.20

 思考题

1. 浙江省名优茶持续快速发展，主要得益于哪些方面的科技进步？

2. 近年来，浙江省茶类和茶产品结构有哪些变化？

第二章　效益分析

在茶鲜叶中，水分占75%～78%，干物质占22%～25%。茶叶干物质由93.0%～96.5%的有机物和3.5%～7.0%的无机物组成，它们对茶叶的色、香、味，以及营养、保健起着重要的作用。科学饮茶，具有抗氧化、抗衰老、抗突变、抗辐射、增强免疫力、减肥降脂、降压、降血糖、美容护肤和抗龋齿的功效。茶叶生产效益较高，优质、优价体现充分，如果优质茶叶加上好的品牌，则效益会更高。发展茶产业时要重点关注茶叶产品的市场行情和发展趋势，除了要关注种植和加工市场需要的高值产品外，还应关注茶树品种、劳动力资源等因素，减少由此带来的风险。

一、营养价值及食疗作用

（一）营养价值

茶鲜叶中，水分占75%~78%，干物质占22%~25%。茶叶干物质由93.0%~96.5%的有机物和3.5%~7.0%的无机物组成，它们对茶叶的色、香、味，以及营养、保健起着重要的作用（见表2.1）。茶叶经分离、鉴定得到的已知有机化合物有700多种，其中包括初级代谢产物蛋白质、糖类、脂肪，二级代谢产物多酚类、色素、茶氨酸、生物碱、芳香物质、皂苷等。这些物质中不少具有较高的营养价值。茶叶中的无机化合物总称灰分（茶叶经550℃灼烧成灰后的残留物），茶叶灰分主要是矿质元素及其氧化物。

表2.1　茶叶的化学成分组成

类　别	成　分	占干物质量/%
有机化合物	蛋白质	20~30
	氨基酸	1~4
	生物碱	3~5
	茶多酚	18~36
	碳水化合物	20~25
	有机酸	3左右
	脂类	8左右
	色素	1左右
	芳香物质	0.005~0.030
	维生素	0.6~1.0
无机化合物	水溶性部分	2~4
	水不溶性部分	1.5~3.0

（二）食疗作用

茶叶是世界公认的健康饮料。现代药理研究表明，茶叶中有多种成分的药理作用与人体健康关系密切。

1. 茶多酚

茶多酚是茶叶中多酚类物质的总称，在降低血脂、抑制动脉硬化、增强毛细血管功能、降低血糖、抗氧化和抗衰老、抗辐射、杀菌消炎、抗癌和抗突变等方面有益于身体健康。

2. 茶蛋白与茶氨酸

茶蛋白属于植物蛋白，不含胆固醇，非常适合特殊人群食用，而且茶蛋白还具有显著的降血脂、抗氧化等作用。茶叶中含量较多的氨基酸有茶氨酸，占氨基酸总量的 50% 以上，是茶叶的特征性氨基酸，具有促进大脑功能、防癌抗癌、降压安神、延缓衰老等功效，是形成茶叶香气和鲜爽度的重要成分，对形成绿茶香气关系极为密切；茶叶中的 γ-氧基丁酸具有显著的降血压、改善脑机能、增强记忆力、改善视觉、降低胆固醇、调节激素分泌等效果。

3. 咖啡碱

茶叶中的咖啡碱占茶叶干重的 2%~4%。咖啡碱具弱碱性，能溶于水，尤其是热水，通常在 80℃热水中即能溶解。咖啡碱有益于身体健康的几个方面：使神经中枢兴奋，消除疲劳，提高效率；抵抗酒精、烟碱的毒害作用；对末梢血管系统有兴奋作用；利尿作用；调节体温作用；直接刺激呼吸中枢兴奋。

4. 茶多糖

茶多糖是一类结构复杂且变化较大的茶叶多糖复合物，一般粗老茶叶中含量较高。茶多糖有益于降血糖、降血脂、防辐射、抗凝血及血栓、增强机体免疫功能、抗氧化、抗动脉粥样硬化、降血压和保护心血管等。

5. 茶色素

茶色素一般指叶绿素、β-胡萝卜素、茶黄素和茶红素等。叶绿素具有抗菌、消炎、除臭等多方面的保健功效；β-胡萝卜素在体内酶的作用下可转化为 2 个分子的维生素 A，能清除体内的自由基，具有抗氧化、增强免疫力等功效；茶黄素和茶红素由茶多酚及其衍生物氧化缩合而成，在红茶中含量最高，它不仅能消除自由基，还具有抗癌、抗突变、抑菌、抗病毒，改善和治疗心脑血管疾病及治疗糖尿病等多种生理功能。

综上所述，科学饮茶具有抗氧化、抗衰老、抗突变、抗辐射、增强免疫力、减肥降脂、降压、降血糖、美容护肤和抗龋齿等作用。

 思考题

1.茶叶中对色、香、味及营养、保健起重要作用的化学成分主要有哪些？
2.茶叶灰分是什么？
3.科学饮茶对人体健康有哪些作用？

二、经济、社会及生态效益

（一）经济效益

茶叶是高附加值的经济作物，生产效益较高，优质、优价体现充分。近年来，浙江省单位面积茶叶生产效益稳步提升，2018年全省采摘茶园的亩产值达到7551元（见表2.2），安吉、松阳等产茶大县的平均茶叶亩产值超万元，还涌现出一批亩产值超两三万元的规模茶园。如果优质茶叶加上好的品牌，则效益更高。

表2.2 近年来浙江省采摘茶园亩产值一览表

年 份	采摘茶园面积／万亩	初级产值／亿元	亩产值／元
2000	161.57	22.8	1411
2005	216.56	45.7	2110
2010	239.84	90.5	3773
2015	266.00	168.6	6338
2018	274.00	206.9	7551

（二）社会效益

茶产业是一个典型的劳动密集型产业和历史经典产业，从事茶叶种植、加工、流通及相关服务都会带来较高的直接经济效益。茶叶生产和相关服务业需要大量的劳动力，发展茶产业可显著促进茶区农民就业，间接增加茶农收入。除了能对茶农直接增收外，其还具有多方面的间接作用。茶产业的发展对美丽乡村建设、乡村振兴都有不可或缺的重要作用。

（三）生态效益

茶树是常绿的多年生作物，有效经济寿命可达50年左右。种植茶树，特别是打造生态茶园，在茶园四周、道边等种植适宜的绿化树木，本身就是很好的绿化和美化，对涵养水土、保护生态和茶旅融合发展等有明显作用（见图2.1）。

图2.1　浙江松阳的大木山骑行茶园

　思考题

1.联系实际，分析如何提升自营茶园的经济效益？

2.结合乡村振兴和共同富裕，谈谈如何更好地利用和发挥茶叶产业的优势？

三、市场前景及风险防范

（一）市场前景

茶产业是增加农民收入的富民产业、建设生态文明的绿色产业、构建和谐社会的文化产业、提高生活质量的健康产业，具有多重价值功能，惠及面广。同时，茶产业具有一产、二产、三产自然融合，产业、文化、旅游"三位一体"，生产、生活、生态"三生融合"的特征，茶产业发展高度契合国家乡村振兴战略和国家大健康战略。按市场规律发展茶产业，具有广阔的市场潜力和发展空间（见图2.2）。

图2.2 喜采龙井茶

（二）风险防范

茶树品种多，一年会多轮萌发，适制性较强。因此，茶产业本身对自然灾害和市场变化就有较强的自适应能力，近几十年来，浙江省茶产业一直保持着平稳发展的良好态势。发展茶产业时要重点关注茶产品市场的行情和发展趋势，除了要关注种植和加工市场需要的高值产品外，还应关注茶树品种、劳动力资源等因素，降低由此带来的风险。选用茶树品种时，要特别关注品种的生态环境适应性和茶类适制性，规模茶园还应关注品种搭配，特别是早生、中生和晚生品种间的搭配。茶叶种植加工是劳动密集型作业，当前名优茶采摘仍严重依赖于手工，如果没有足够可用的大量季节性劳动力，则无法保证名优茶的生产。此外，要做好对病虫害的绿色防控，确保茶叶质量安全；提升茶园基础设施，保障茶树免受高温干旱、低温冻害等；提升从业人员科技素质，注重应用先进生产设备、技术或模式；重视茶叶品牌建设，进一步提升产品附加值。

 **思考题**

发展茶叶产业，应注意和防范哪些风险？

第三章　关键技术

　　茶叶生产的关键技术可以分为产前、产中、产后三个部分。产前技术主要是确定适合本地种植的优良茶树品种和进行生态茶园规划；产中技术主要是茶园管理，包括茶树种植与管理、茶树病虫害的绿色防控和防灾减灾等；产后技术主要是茶叶采摘与加工。

一、茶树品种

茶树品种是茶叶生产最基础、最重要的生产资料。茶树良种化与品种结构优化是提高茶叶产量、改善茶叶品质、抑制采制"洪峰"、提高经济效益的前提。根据繁育方式，茶树品种通常分为有性系和无性系两大类。有性系品种是指通过种子繁殖途径形成的茶树群体，如鸠坑群体种、龙井群体种、木禾种等；无性系品种是指通过扦插等繁殖途径形成的茶树群体（见图3.1），如中茶108（见图3.2）、白叶1号等。

图3.2 长势旺盛的中茶108春梢

图3.1 山地无性系良种茶园

（一）主导品种

根据浙江省茶区的自然条件、茶类结构及发展趋势，再结合茶树品种的特性，可供选择的茶树品种较多。现重点介绍近几年浙江省农业农村厅发布的部分茶树主导品种和新选育推广的珍稀特色品种，包括中茶108、龙井43、龙井长叶、白叶1号、浙农117、嘉茗1号、浙农139、春雨1号、春雨2号、景白2号、中黄1号、中黄2号、中茶302，供各地因地制宜地选用。

1. 中茶108

中茶108系中国农业科学院茶叶研究所用龙井43的茶树芽梢进行辐射诱导芽变而成的，属于灌木型、中叶类、特早生种（见图3.3）。叶片呈长椭圆形，叶色绿，叶面微隆，叶身平，叶基楔形，叶脉7.3对，叶尖渐尖。树姿半开张，分枝较密，一芽三叶百芽重5.5g，芽叶黄绿色，茸毛较少。春茶一般在3月中上旬萌发，育芽力强，持嫩性好，抗寒性、抗旱性、抗病性均较强，尤抗炭疽病，产量高。制绿茶品质优，

图3.3 中茶108

适制龙井、烘青等名优绿茶，春茶一芽二叶干样约含氨基酸4.2%，茶多酚23.9%，咖啡碱4.2%。

与龙井43相比，中茶108号有四大优势：①可提前开采2~4天；②对炭疽病的抗性较强；③芽的持嫩性强；④氨基酸含量相对较高。

2. 龙井43

龙井43系中国农业科学院茶叶研究所从龙井群体中单株选育而

成的，属于灌木型、中叶类、无性系茶树良种（见图3.4）。该品种发芽早，春芽萌发期一般在3月中下旬，一芽三叶盛期在4月中旬；发芽密度大，育芽力特强，芽叶短壮，茸毛少，叶绿色，抗寒性强，但抗旱性稍弱，持嫩性较差。一芽三叶百芽重39.0g。产量高，

图3.4　龙井43

适制绿茶，特适制龙井等扁形茶类。所制的扁形绿茶有外形挺秀、扁平光滑、色泽嫩绿、香郁持久、味甘醇爽口等品质特征。

目前，龙井43在浙江省各地均有规模种植，适宜龙井茶等扁形绿茶产区推广。该品种宜种于土层深厚、有机质丰富的土壤，在秋冬季须增施有机肥，须及时勤采，夏秋季宜铺草，并做好抗旱措施。

3.龙井长叶

龙井长叶系中国农业科学院茶叶研究所从龙井群体中单株选育而成的，属于灌木型、中叶类、无性系茶树良种（见图3.5）。该品种发芽早，春芽萌发期一般在3月中旬，3月底可采一芽一叶，一芽三叶盛期在4月中旬左右；发芽密度较大，育芽能力强，芽叶黄绿色，茸毛较少，持嫩性好。一芽三叶百芽重36.2g，抗寒性强，适应性广，产量高，适制绿茶，特适制龙井等扁形绿茶。所制绿茶香高，味鲜醇。该品种与龙井43相比，持嫩性好、氨基酸含量高，更具有品质优良的特点。

目前浙江省已有一定面积栽种，适宜在浙江省绿茶产区，尤其是龙井茶产区推广。该品种树势较直立，种

图3.5　龙井长叶

植方式上可适当密植，在幼龄茶园管理上宜适当压低定型修剪高度。宜重施秋冬季基肥以提高春茶比重和茶叶品质。

4.白叶1号

白叶1号系浙江省安吉县农业农村局与安吉县林业科学研究所从当地群体种中单株选育成的，属于灌木型、中叶类、无性系茶树良种（见图3.6）。该品种在春芽萌发至一芽二叶期时，芽叶为白色，鲜叶中氨基酸含量特高。该品种的春芽萌发期在浙北茶区一般是3月下旬，一芽二叶盛期在4月中旬，此时新梢呈白色，但成叶和夏秋季新梢呈浅绿色；分枝和发芽密度中等，育芽能力较强，但持嫩性一般，抗逆力弱。产量中等，适制名茶，特

图3.6　白叶1号

别是盛白期的鲜叶，是制作名茶的极好原料，所制白茶具有滋味鲜爽、香气清高、叶底玉白的品质特征。

该品种在浙江省及其他绿茶产区已规模种植。该品种对不良环境抗逆力较弱，尤其在春季芽叶盛白期，不耐高温和强光；宜选择小气候环境良好、能避西北寒风直入、多云雾和防护林茂密的低丘陵缓坡地种植。在幼龄期长势较弱，应精心培育，可适当密植。

5.浙农117

浙农117系浙江大学茶学系从福鼎大白茶与云南大叶茶自然杂交后代中单株选育而成的，属于小乔木型、中叶类、早生种（见图3.7）。植株较高大，树姿半开张，分枝较密，叶片水平状着生，呈椭圆形，叶色深绿。芽叶绿色，茸毛中等，一芽三叶百芽重52.0g。芽叶生育力强，一芽一叶盛期在3月下旬至4月初。产量较高，每

亩产量可达 150.0kg。春茶一芽二叶干样约含氨基酸 3.4%、茶多酚 24.5%、儿茶素总量 16.0%、咖啡碱 4.0%，适制绿茶、红茶。制扁形茶时，外形扁平光滑，香高，味鲜醇爽口；制红碎茶时，香高带甜香，味鲜浓强。抗寒性强，对晚霜危害表现较抗；抗旱性强，扦插繁殖力强。

图3.7　浙农117

在栽培上，应选择土层深厚的园地采用双行双株规格种植。适宜在浙江茶区种植。

6.嘉茗1号

嘉茗1号系永嘉县农民从乌牛早品种中单株选育而成的省级认定品种，属于灌木型、中叶类、无性系茶树良种（见图3.8）。该品种发芽特早，春芽萌发期一般在 2 月下旬，一芽三叶盛期在 3 月下旬；发芽密度较大，芽叶肥壮，富含氨基酸，春茶鲜叶氨基酸含量约 4.2%，茸毛中等，一芽三叶百芽重 40.5g。持嫩性较强，抗逆性较好，产量尚高，适制绿茶，尤其是扁形类名茶。所制扁形绿茶有扁平挺直、色泽嫩绿、香高、味甘醇爽口等品质特征。

图3.8　嘉茗1号

适宜浙江省，尤其是扁形类名茶产区做早生搭配品种推广。在栽培方面应早施催芽肥，宜秋冬季修剪。

7.浙农139

浙农139系浙江大学茶学系从福鼎大白茶与云南大叶茶自然杂交后代中单株选育而成的，属于小乔木型、中叶类、早生种（见图3.9）。植株较高大，树姿半开张，分枝较密，叶片水平状着生，呈长椭圆形，叶色深绿，叶面平，叶身平，叶尖急尖。芽叶深绿色，茸毛多，一芽三叶百芽重58.0g。芽叶生育力强，持嫩性强。一芽一叶盛期在3月下旬。产量高，每亩可达200.0kg。春茶一芽二叶干样约含氨基酸3.6%、茶多酚28.6%、咖啡碱4.9%。适制绿茶，色泽翠绿，显毫，香气高鲜，滋味鲜醇，品质优良；抗寒性与抗旱性均强，扦插繁殖力强。

在栽培上，应选择土层深厚的园地采用双行双株规格种植，适宜在浙江茶区种植。

图3.9 浙农139

8.春雨1号

春雨1号系浙江省武义县农业农村局从福鼎大白茶实生后代中系统选育而成的，属于灌木型，树姿较直立，分枝密，叶片稍上斜状着生（见图3.10）。中叶，平均叶长为9.9cm，叶宽为

图3.10 春雨1号

4.4cm，叶呈椭圆形，叶色绿，叶面稍隆起，叶身平，叶尖钝尖，叶缘微波状。春茶一芽二叶绿色，芽尖稍黄，茸毛较多，平均一芽三叶长3.1cm，一芽三叶百芽重28.0g。发芽特早，在浙中气候条件下，2月底至3月初即可采制名优茶。长势旺，产量高。春茶一芽二叶干样约含氨基酸4.6%、茶多酚11.7%、咖啡碱2.5%、水浸出物45.0%。所制绿茶香气清高，味鲜醇。适制针形、扁形和毛峰形等多种名优茶。

该品种适应性强，可在长江以南绿茶产区种植，并适当密植并压低定型修剪高度。早春需预防"倒春寒"危害，及时防治小绿叶蝉等病虫害。

9.春雨2号

春雨2号系浙江省武义县农业农村局从福鼎大白茶实生后代中系统选育而成的，属于灌木型，树姿半开张，分枝中等，叶片上斜状着生（见图3.11）。中叶，平均叶长为10.7cm，叶宽为4.1cm，主脉稍弯向一侧，叶呈长椭圆形，叶色绿稍有光泽，叶面平，叶身平，叶尖渐尖，叶缘微波状。春茶一芽二叶绿色，芽叶肥嫩，茸毛中等，平均一芽三叶长4.1cm，一芽三叶百芽重41.8g。中偏晚生，在浙中气候条件下，3月底可采制名优茶。春茶一芽二叶干样含氨基酸3.7%、茶多酚15.0%、咖啡碱2.6%、水浸出物49.0%。所制绿茶滋味醇厚，花香突显，耐冲泡。品种个性突出，尤适制单芽型红绿茶。

图3.11　春雨2号

该品种耐寒性中等偏弱，低温年份枝干会有局部冻裂伤，可在我国中南部绿茶区作为特色品种种植。宜双行条栽，早施、重施基肥，做好越冬管理。移栽后注意抗寒防冻保苗，幼苗期尤需防范根茎部冻裂伤。投产茶树修剪不能过重，应保留足够的成熟叶片。

10.景白2号

景白2号系景宁畲族自治县经济作物总站选育，为惠明茶树品种变异，属于灌木型（见图3.12）。叶呈椭圆，叶黄绿。茶芽每年2月底开始萌动，3—6月新萌芽头初为乳黄色，随着芽头长大，后为黄白色，芽、叶、茎、脉全白；7—8月，逐步转为绿色；9—10月，随着气温回落，萌发芽头又呈黄白色，白化

图3.12 景白2号

程度与春茶无殊。春茶萌发开采期比白叶1号早1~2天。茶多酚含量24.2%~28.5%，氨基酸含量6.6%~5.9%。适制名优绿茶，干茶金黄、汤色淡黄、叶底明黄，滋味特别鲜爽，感官审评为"三黄一特"。耐高温干旱，耐寒性较强，抗病性和抗虫性与对照相当，产量较高。

该品种无性育苗成活率高，耐高温、干旱、低温能力较强，适宜在浙江省茶区种植。

11. 中黄1号

中黄1号系中国农业科学院茶叶研究所、浙江天台九遮茶叶公司和天台县林业特产技术推广站联合从天台县当地茶树群体种的自然黄化突变体中选育而成。春梢呈鹅黄色，夏秋季新梢亦为淡黄色，成熟叶及树冠下部和内部叶片均呈绿色，一年生扦插苗为黄色，芽叶茸毛少，发芽密度较高，持嫩性较好。春茶一芽二叶含氨基酸7.1%，茶多酚13.3%。干茶外形绿透金黄，嫩（栗）香持久，

滋味鲜醇，叶底嫩黄鲜亮（见图3.13）。

该品种抗寒、抗旱能力与普通绿茶品种相当，适应性强，易于栽培管理。目前，该品种已在浙江、四川、贵州等地规模种植。

12.中黄2号

中黄2号系从浙江省缙云县当地茶树群体种的自然黄化突变体中选育而成的，属于灌木型、中叶类、中生种，植株中等，树姿直立（见图3.14）。其春季新梢呈葵花黄色，夏茶芽叶为绿色，秋茶新梢呈黄色，成熟叶及树冠下部和内部叶片均呈绿色。芽叶茸毛少，育芽能力较强，发芽密度较大，持嫩性强。春茶一芽二叶含氨基酸6.8%~8.3%，茶多酚12.4%~15.9%，咖啡碱2.8%~2.9%，水浸出物42.1%~46.4%（干重），内含物配比协调。干茶外形金黄透绿，汤色嫩绿明亮、透金黄，清香，滋味嫩鲜，叶底嫩黄鲜活。

该品种抗寒、抗旱能力与普通绿茶品种相当，适应性强。目前，该品种已在浙江、四川、

图3.13　中黄1号

图3.14　中黄2号

贵州等地推广。

13. 中茶 302

中茶 302 系中国农业科学院茶叶研究所以格鲁吉亚 6 号为母本，福鼎大白茶为父本进行人工杂交，再对杂交后代进行单株选育而成的早生、优质、高产、抗逆性较强的绿茶新品种，属于灌木型、中叶类，植株适中，树姿半开张，分枝较密（见图 3.15）。叶片呈椭圆形，稍上斜状着生，叶色黄绿，叶面微隆，叶身稍内折，叶质中，叶基楔形，叶尖钝尖。芽叶黄绿色，茸毛较多。春季芽萌发早，与福鼎大白茶相当。春茶

图3.15 中茶302

一芽二叶干样约含氨基酸 4.3%，茶多酚 23.8%，咖啡碱 3.5%，酚氨比为 5.61。制绿茶品质优，适制单芽或烘青类名优绿茶。制烘青茶肥壮嫩绿，茸毛披露，香气清高。抗寒、抗旱能力强，抗病性强，产量高。

该品种适应性强，对园地条件要求较低。茶树生长势旺盛，一般采用单行双株条栽，定植后足龄可投产，3~4 年进入丰产期。目前已在浙江及周边茶区有引种，适宜西南和华南绿茶及红绿茶兼制茶区栽培。

（二）种苗扦插繁育

扦插育苗是目前茶树生产上广泛应用的良种无性系扩繁方式（见图 3.16）。

1. 母本园

母本园的茶树品种应是无性系原种园或直接从原种园引进的母

图3.16　茶树种苗繁育基地

本良种，要求生长健壮，无检疫性病虫害，母本园的肥培管理水平应高于常规茶园。母本园面积根据需要配置，一般每亩母本园每次可满足 1.1~1.4 亩苗圃的扦插用穗。

2. 苗圃

（1）圃地选择。应选择地势平坦、水源充足和易于排灌的土地作苗圃。要求壤土土质肥沃、土层深厚、结构疏松、透气性良好，pH 值在 4.5~5.5。若用熟地育苗，则应做好苗床土壤的消毒工作，杀灭根结线虫。同一块土地，要避免连年作苗圃，应与其他农作物轮作。

（2）苗床。苗床需进行二次翻耕，第一次为全面深翻，深度在 30cm 以上；第二次深度在 15~20cm，并要碎土、耕平。苗圃四周需开好 50cm 宽的排灌沟。苗床宽 100~120cm，高 10~15cm，沟宽 30~40cm。

苗床整理要求：每亩施腐熟饼肥 100~150kg、过磷酸钙 20kg 作基肥，与苗床充分拌匀后平整畦面，再在其上铺盖粉碎后的黄泥心土，厚 3~5cm，铺好后灌水或浇水，使其充分湿润，待稍干，用扁平的木板适当敲打，刮平，稍压实，保持 2.5~3cm 厚的心土层。

（3）遮阴。通常采用搭遮阴棚的方法遮阴，遮阴棚分为平棚和弧形棚。平棚高度应为 120~150cm。棚面盖上透光率为 35% 的遮阳网，棚面比畦面宽 20cm 左右。弧形棚用竹片搭成 40cm 高的弧形棚架，盖上透光率为 35% 遮阳网（见图 3.17）。

3. 短穗扦插

（1）插穗。选择当年生品种纯、健壮无病虫害、呈棕红色或黄绿色的半木质化枝条作插穗。短穗每穗长 3cm 以上，茎粗约 0.3cm，带有一张健全的叶片和饱满的腋芽，上下剪口平滑，插穗下端剪口与叶片生长方向平行，位置紧靠节点。上端剪口应高于腋芽 0.2cm。插穗枝条要求保持新鲜，短穗应随剪随插，做到当天剪当天用完。

（2）扦插。

畦面处理：用清水喷湿床面，待泥土不粘手时，按 9~10cm 的行距规格划行。

扦插数量：株距以插穗叶片不重叠进行扦插，每亩可插 15 万~20 万穗左右。

扦插作业：用拇指和食指捏住插穗上端，轻轻直插或倾斜插入土中，以露出叶柄和腋芽为准。边插边用手指将短穗基部泥土压实。插穗叶片的方向应顺着当时主要风向排列。扦插应于上午 10 时前或

图3.17 弧形遮阴棚与棚内插穗苗生长

下午阳光转阴时进行，插时及时洒水、遮阴。

扦插时期：一年四季均可扦插，最适季节为7—9月。分夏插和秋插，夏插在7—8月初进行，应深插，注意遮阴淋水；秋插于8—10月进行，应注意遮阴浇水，防寒保暖（见图3.18）。

图3.18　短穗扦插

（3）苗圃管理。

水分管理：以保持苗床表土湿润为宜。

施肥管理：坚持薄施液体肥料、先淡后浓的原则。在茶苗新根长出，新梢萌发时开始施第一次肥。夏插可在9—10月施一次追肥，秋插到翌年4—5月施肥。追肥可用浓度10%腐熟人粪尿或浓度0.5%的尿素或浓度15%的复合肥，结合浇水进行。每隔20~30天施一次追肥，浓度慢慢提高。每次施肥后，应用清水淋浇茶苗。

除草除蕾：除草作业要等插穗生根后才可进行，做到见草就拔。除草时，应将手按住草边的泥土连根拔去，除草后需洒水一次，使茶苗根系与土壤紧贴。当茶苗出现花蕾时，要及时摘除。

遮阴棚管理：短穗扦插后即进行遮阴，并根据茶苗生长情况，逐渐降低遮阴程度。采用稻草遮阴的，夏秋扦插苗需在翌年3—4月逐渐抽稀稻草，直至全部去除；采用遮阳网的，冬季在遮阳网上覆盖稻草等保温材料，3月初撤去稻草，4月中旬后揭除遮阳网。塑料薄膜覆盖育苗适用于晚秋（10月）或冬季（11月）扦插的苗圃，可防止冻害，覆盖期内不必浇水，要随时注意棚内温度变化，防止温度突然上升，灼伤幼苗；2月底前后揭膜，揭膜前应"日揭夜盖"进行练苗。

图3.19　长势良好的苗圃（一）

茶苗打顶：当茶苗长至30cm时应打顶，可采去顶端一芽二叶，促使其分枝。

病虫防治：短穗扦插后，要注意观察病虫发生情况，做好病虫害防治。使用药剂和浓度参照常规生产茶园（见图3.19和图3.20）。

4.苗木质量与分级

（1）苗木分级。苗木分级以一足龄或一年生苗高、茎粗、根长为主要依据，以着叶数、一级分枝数为参考指标，分为一级和二级。低于二级标准的苗木不得作为生产性商品苗出圃。出圃的茶苗质量应符

图3.20　长势良好的苗圃（二）

合GB 11767—2003《茶树种苗》的规定（见表3.1）。

表3.1　出圃的茶苗质量

级　别	苗高/cm	茎粗/cm	侧根数/条	根长/cm	着叶数/片	一级分枝数/个	检疫性病虫害	品种纯度/%
一级	>25	>0.3	>3	>12	>8	1～2	不得检出	100
二级	>20	0.2～0.3	2～3	4～12	6～8	0～1	不得检出	99

（2）苗木质量检测。苗木质量检测在起苗后进行。从已起苗捆扎的苗木中随机抽取样本，抽样比例应符合GB 11767—2003《茶树种苗》的规定（见表3.2）。对抽取的样本苗木逐株检验，分别用卷尺或游标卡尺测量苗木的高度、根长和茎粗，点数苗木上着生的真叶片数和侧根数。同一株中有一项不合格就判为不合格。检验合格的苗木应挂牌，标明苗木品种、生产单位名称、数量、出圃日期等，并附检验合格证书。

表3.2　抽样比例

批量数	样本数
<10000	50
10000～50000	100
50001～100000	200
>100000	300

5.出圃、包装、运输、储存

茶苗出圃（起苗）时要做到尽量多带土，为此应在起苗前一天对苗圃进行浇水，以充分湿润土壤。苗木以100株扎成一小捆，500株或1000株扎成一大捆（见图3.21）。苗木在装车时，既不能堆压过紧，也不能堆放过高，装车后应及时启运，并有防风、防晒、防淋措施。跨县（市）调运苗木，要按有关规定进行植物检疫，并附检疫证书。

起苗调运后的苗木应放在库棚内，防止风吹、日晒、雨淋，储存日期一般不超过2天。起苗调运后来不及种植的苗木，应进行假植。

思考题

1.在主导品种中，哪几个适制龙井茶？

2.白叶1号和景白2号在品种特性上有何异同？中黄1号和中黄2号有何异同？

3.苗圃如何科学管理？

图3.21 起苗扎捆待运

二、生态茶园规划

（一）园地选择

茶园基地的选择要全面考虑气象、土壤、地形及周边环境等因素。

1. 气象条件

（1）温度。茶树生长最适宜的温度在 15~30℃，在 10℃左右开始发芽，在35℃以上高温、土壤水分不足的条件下，茶树生长就会受到抑制，幼嫩芽叶会灼伤；在 10℃以下，茶树生长缓慢或停止；冬季，中、小叶种茶树可忍耐较低的极端低温，一般茶树生长的极端低温在 −10~ −7℃，年均活动积温大于 3700℃。温度与纬度和海拔高度有关，在某一个局部地区，由于纬度变化不大，故应从海拔高度进行合理选择。

（2）水分。茶树喜湿忌涝，满足其正常生长的年降水量需要 1300mm 以上，茶树最适宜的年降水量约 1500mm；同时，要求降水的季节分布合理，即 70% 左右的降水量发生在茶树新梢生长和茶叶生产季节。如果生长季节月降水量连续低于50mm，则茶叶生长受到抑制，产量和品质均会显著下降。茶树要求土壤相对持水量在60%~90%，以70%~80%为宜，空气湿度以80%~90%为宜。若土壤水分适当、空气湿度较高，则不仅新梢叶片大，而且持嫩性强，叶质柔软，角质层薄，茶叶品质优良。

（3）光照。茶树有耐阴喜阳的特性。在柔和的漫射光下，茶树光合作用有效性高，生长较快；含氮化合物如氨基酸等含量高，则绿茶品质好。在比较荫蔽、多漫射光的条件下，新梢内含物丰富、嫩度好、品质高。因为漫射光中含紫外线较多，能促进儿茶素和含氮化合物的形成，对茶叶品质有利。直射光中过强的红外线会促使茶叶中纤维素的形成，叶片容易老化，茶叶品质下降。人们常说"高山云雾出好茶"，道理就在于此。

2.土壤条件

土壤条件主要包括土壤化学环境和土壤物理环境两方面。

（1）土壤化学环境。土壤化学环境对茶树生长的影响是多方面的，其中影响较大的是土壤酸碱度、土壤有机质含量和土壤无机养分含量。茶树喜酸耐铝、忌碱忌钙。映山红、铁芒萁（狼萁）、杉木、油茶、马尾松等是酸性土壤的标志性植物，所以，凡是植物生长良好的土壤，大多是酸性土壤，适宜种茶；茶树良好生长要求土壤pH值在4.0~6.5，以4.5~5.5最适。茶树不喜欢钙质土，石灰性紫色土和石灰性冲积土含钙量高，一般都为碱性，不宜种茶。土壤中如含有石灰质（活性钙含量超过0.2%），则会影响茶树生长，甚至会逐渐死亡。

茶园土壤的有机质含量是茶园土壤熟化度和肥力的指标之一。高产优质的茶园土壤有机质含量要求达到2.0%以上。

（2）土壤物理环境。物理环境是指土层厚度，土壤质地、结构、比重、容重和孔隙度，土壤空气，土壤水分及土壤温度等因素。茶树根系分布可伸展到土表2m以下，一般要求有效土层超过80cm，表土层的厚度要求为20~30cm。土壤的通透性要好，以便蓄水积肥。茶树生长对土壤质地的适应范围较广，在壤土类的砂质壤土或黏土类的壤质黏土上都可种茶，在砂质壤土上种茶要注意防旱，而在壤质黏土上种茶则要注意排水。

3. 地形

地形包括纬度、海拔、坡度、坡向、地势等，它对茶树生长的影响往往为上述多项因子的综合作用，不仅影响茶树生育，还影响茶叶品质。此外，还要考虑交通便利，茶树集中成片（见图3.22）。

图3.22　平地茶园

（二）园区路沟规划

茶叶基地规划应以水土保持为中心，实行山、水、林、路综合配置，茶、林、农牧区合理布局，路旁设沟，园周植树，形成良好的生态环境。

1. 道路设置

道路设置应路路相通，并尽量利用瘦薄地段建路，因地制宜设置机耕道、工作道和步道。机耕道要求路面宽3~4m，工作道要求路面宽2.5~3.0m，步道要求路面宽1.0~1.5m。山地茶园最好是每6~8个梯层设一条横步道，每隔40~60m设一条与横步道呈"之"字形（坡度在25°以下）的直步道。

2.水沟、池设置

茶园要合理设置排水、蓄水和灌水系统。通常在茶园上方与荒山林地交界处设一条深50cm、宽60cm的排洪沟，以拦截茶园上方的雨水；在茶园下方与农田交界处开一条宽40cm、深50cm的排水沟（亦称农田保护沟），防止茶园内的水土冲入农田；在直步道两侧和横步道上侧开一条深、宽各为20cm的排水沟，沟内每隔约2m设一略低于沟面的土墩，以缓和急流，减少水土流失；每10~30亩茶园应在机耕道侧旁建一个容积为5~8m³的水池。有条件的地方，宜建立喷灌、滴灌或水肥一体等现代节水灌溉系统（见图3.23）。

图3.23 喷灌茶园

（三）生态植物选配

按"头戴帽、脚穿鞋、腰系带"原则进行生态植物配置，在山坡茶园的山顶、山腰、山脚分别种植林带。连片茶园按照100m×100m的间隔设置林带，林带宽10~12m。可以适当与不影响采摘条件的其他植物间作，林带与间作的植物树种提倡多样化、多色化，可将落叶树与常绿树搭配，使之形成一定的景观。茶园内部可配置"乔灌"两层生态结构，或"树木＋茶树＋绿肥"的"乔灌草"三层生态结构。茶园内的遮阴树宜种植落叶乔木，种植密度为

90~150株/hm², 茶园遮光率宜达到10％~30％。茶园道路、沟渠两旁应种植绿化树, 每4~5m种植1株, 可"乔灌草"结合种植（见图3.24）。

图3.24 园林化平地缓坡茶园

在日常管理中, 应对配置的绿化遮阴树木进行修剪整枝, 树冠不超过3m×3m, 第一分枝应高于1.5m, 且不影响茶园作业, 适当减少间作树木留养的骨干枝和侧枝数量。

适宜茶园配置的树种和草本植物见表3.3、表3.4和图3.25。

图3.25 茶园种草

表3.3　适宜茶园配置的树种

植物名称	特性	用途
棟树	落叶乔木	防风林、隔离树；遮阴树、行道树
香椿	落叶乔木	遮阴树、行道树
油柿	落叶乔木	遮阴树、行道树
银杏	落叶乔木	行道树
核桃树	落叶乔木	遮阴树、行道树
合欢	落叶乔木	遮阴树、行道树
无患子	落叶乔木	遮阴树、行道树
大叶冬青	常绿乔木	防风林、隔离树；遮阴树、行道树
香樟	常绿乔木	行道树
桂花树	常绿乔木	遮阴树、行道树
木荷	常绿乔木	遮阴树、行道树
天竺桂	常绿乔木	防风林、隔离树；遮阴树、行道树
马尾松	常绿乔木	防风林、隔离树；遮阴树、行道树
杉木	常绿乔木	防风林、隔离树；遮阴树、行道树
广玉兰	常绿乔木	遮阴树、行道树
杜鹃	常绿小乔木	行道树
杨梅	常绿小乔木	行道树
枫树	常绿小乔木	防风林、隔离树；遮阴树、行道树
罗汉松	常绿小乔木	防风林、隔离树；遮阴树、行道树
梅花	落叶小乔木	行道树
紫薇树	落叶小乔木	遮阴树、行道树
樱花树	落叶小乔木	行道树
海棠	落叶小乔木	行道树

表3.4　适宜茶园配置的草本植物

植物名称	特性	用途
紫云英	二年生草本	适用冬季绿肥
苜蓿	多年生草本	适用冬季绿肥
苕子	一年生草本	适用冬季绿肥
蚕豆	一年生草本	适用冬季绿肥
豌豆	一年生草本	适用冬季绿肥
圆叶决明	多年生草本	适用夏季绿肥，抑制杂草
大叶猪屎豆	一年生草本	适用夏季绿肥
花生	一年生草本	适用夏季绿肥

植物名称	特性	用途
黄豆	一年生草本	适用夏季绿肥
绿豆	一年生草本	适用夏季绿肥
田菁	一年生草本	适用夏季绿肥
印尼大绿豆	一年生草本	适用夏季绿肥
白花三叶草	多年生草本	适用四季绿肥，抑制杂草
爬地兰	多年生草本	适用四季绿肥
紫穗槐	灌木	适用四季绿肥
无刺含羞草	多年生草本	适用四季绿肥
大叶胡枝子	灌木	适用四季绿肥
金光菊	多年生草本	适用四季绿肥
知风草	多年生草本	适用四季绿肥
鼠茅草	一年生草本	适用夏季绿肥，抑制杂草
迷迭香	灌木	间作诱虫
薰衣草	灌木	间作诱虫
除虫菊	多年生草本	间作驱虫
万寿菊	一年生草本	间作驱虫

（四）茶树品种选配

1.基本原则

坚持以市场需求为导向，与当地主导茶类或主导产品相适应，充分考虑早、中、晚生茶树品种的合理搭配，适当兼顾多茶类（或多个茶叶产品）生产的原则。选择的茶树良种，必须是经审定的良种或经示范证明可在当地种植的良种。

2.选择与搭配的具体要求

（1）能适应当地自然环境。在光照、温度、水分、空气等诸多气候条件中，最重要的因素是温度，更确切地说是极端低温。极端低温在生产中的表现形式主要有冬季低温和春季"倒春寒"等。

（2）能满足茶类生产要求。如龙井茶区应考虑芽头大小适中、持嫩性强、发芽密度高、节间较短、茸毛较少的品种；而毛峰茶产区则应选择芽头较小、叶背茸毛密度高的多毫品种。

（3）应注意早、中、晚生品种合理搭配。名优茶产区应以早芽种为主导，适当搭配特早和中芽种品种，特早种、早芽种和中芽种种植面积比例可控制在 30∶50∶20 左右。

（4）应重点考察抗逆性和品质。优质的茶叶价格高，生产效益好。获得抗病虫能力强的品种，在生产上可以减少病虫控制的成本和化学农药的使用。抗性，特别是抗寒性，也应关注。

（5）关注特殊性状的茶树品种。现代茶叶市场的细化带动了一些具有特殊性状的茶树新品种的选育和推广，如近几年异军突起的白化茶、黄化茶。随着茶叶精深加工的发展，具有高儿茶素、低咖啡碱等特点的茶树品种也受到青睐（见图 3.26）。

图3.26 成龄高产茶园

 思考题

1. 园地选择应考虑哪些因素？

2. 茶叶基地内的路沟应如何合理规划？

3. 新发展茶园，应如何科学选择与搭配茶树品种？

三、茶树种植与管理

（一）开垦移植

1.园地开垦

坡度15°以下的平缓坡地宜横向开垦，翻垦深度需50cm以上。坡度15°以上的坡地应按等高水平线筑梯地，梯面宽应在200cm以上。

2.合理密植

双行密植是目前常用的生产方式。双行密植的大行距为150cm，小行距为30cm，穴距为33cm，每亩用苗量约5000株。双行的排列可采取"∴"与"∵"形状，以利根系的合理分布。

3.开好种植沟，施足底肥

种植沟宽为50~60cm、深为60cm，如是生荒地，则要把操作行的面土回填沟内，以提高沟内土壤的肥力。如在熟地上栽植，则要把表土埋入底层，底土留在表面，以预防根结线虫病与杂草的为害。

图3.27 开沟

土壤深翻时必须同时结合施肥，肥料以土杂肥、饼肥与迟效化肥为主。沟深达到60cm后，再深翻一遍，然后每亩施入堆肥3000kg或栏粪2500kg，均匀铺在底层，覆上一部分土后拌匀，再覆上30cm厚的土层。第三层每亩施入饼肥200~300kg，与土拌匀，覆上厚10cm的土层，使底土离地面沟深15~20cm（见图3.27、图3.28）。

图3.28 施底肥

4.凹沟栽植

凹沟栽植指种植完成以后，茶行面比地表面低约10cm，形成一条50cm宽的凹沟。茶苗栽植一般在11月到翌年的2月底3月初，具体可根据天气与劳力情况灵活安排。一般情况下，如11月初的天气不旱，土壤较湿润，此时栽植有利于生根成活。

栽植前要对合格茶苗进行进一步挑拣与分类，把优质苗与一般苗分开。栽植时按双条的尺寸分发茶苗于种植沟内，理直根系后填土，当土填到泥门时，应扶正踏实，浇上定根水（见图3.29）。

图3.29 茶苗种植

（二）苗期管理

茶苗栽种的当年或翌年，保苗是茶园管理的中心任务。

1.铺草保水

栽种以后立即铺草效果最好，但在夏季来临前必须再加铺一次才能达到抗旱保苗的最佳效果。一般每亩茶园铺干草1000kg或鲜草2500kg。铺草前必须进行除草、施肥，草要铺在茶行的两边，特别是小行间也要铺上（见图3.30）。

图3.30 新植茶园铺草

2.插枝遮阴

遮阴也是常用的抗旱保苗措施之一，且插枝成本较低，可就地取材。一般插枝用材以松枝最好，狼萁的效果也不错。

3.浇水抗旱

若苗期出现旱情，则应立即浇稀薄粪水抗旱。具体在早晨或傍晚，用10％的人粪水浇苗，每周浇2~3次，直到旱情解除。

4.除草保苗

行间常有杂草生长，应做到见草就除。如一时错过季节，部分杂草较大，也要在尽量不伤苗的情况下拔除杂草。栽种当年，茶行内禁止松土，以免伤根。同时禁止使用各类除草剂，以免影响茶苗正常生长。

此外，合理间作豆类等，既可增加部分收入，增强地力，又能起到抗旱保苗的作用（见图3.31）。

图3.31 幼龄茶园间作

（三）树冠管理

优质丰产茶园树冠应具备下列条件：①树高适中，灌木型茶树高度以80cm左右为宜；②树冠宽大，常规茶园树幅在

130~135cm，树冠覆盖度在85%以上；③分枝结构合理，要求骨干枝粗壮且分布均匀，分枝层次多而清楚，生产枝健壮而茂密；④叶层厚度适当，一般中小叶种叶层厚度在10~15cm为宜，叶面积指数在3~4。要达到上述要求，需运用适时修剪和合理采养等技术。

下面介绍几种常见的茶树树冠修剪方法。

1.幼年茶树的定型修剪

幼年茶树的树冠培养通常需要三次定型修剪。

一般在移栽后立即进行第一次定型修剪，剪去离地面15~20cm以上的部分，切忌在移栽前的整捆茶苗上修剪，注意修剪后在茶树上留3~4张完整叶；第二次定型修剪在下一年进行，修剪高度在上次剪口的基础上提高15~20cm，要求剪平；第三次定型修剪在定植后的下1年进行，在第二次剪口的基础上再提高10~15cm，将蓬面剪平即可（见图3.32）。

图3.32 第一次定型修剪

2.成龄茶树的修剪

成龄茶树的修剪分为轻修剪、深修剪、重修剪和台刈。

（1）轻修剪。平面采摘茶园一般每年进行一次轻修剪，程度在上次剪口上提高3~5cm。轻修剪宜轻不宜重，一般剪去冠面上的突出枝条或剪去冠面上3~5cm的枝叶。为有利于早采或多采名优茶，宜将轻修剪作业放在春茶后期适当进行。气候温暖的茶区也可在10—11月份进行轻修剪，以利于次年春茶机采。平蓬茶园受轻度霜害时也可进行轻修剪，剪去受害部分，以刺激茶芽重发（见图3.33）。

（2）深修剪。经过多年的采茶和轻修剪，茶树会增高，树冠上会发生许多浓密而细小的分枝，俗称"鸡爪枝"。这种枝条养分运输不畅，枝条会部分枯死，芽叶瘦小，当夹叶多、茶叶产量和品质下降时应实行深修剪，即剪去冠面上10~15cm深的一层"鸡爪枝"，以复壮树势，提高育芽能力。深修剪一般在春茶结束后进行。

（3）重修剪。重修剪适用于未老先衰的茶树和一些树冠虽然衰老，但骨干枝及有效分枝仍有较强生育能力的茶树。通常在茶树离地约40cm剪去地上部树冠，一般在春茶后进行。荒芜茶园改造可采用重修剪，在春茶前进行。修剪前应清理茶园杂草，施入肥料，上面覆盖修剪枝叶，以利于茶园快速恢复生机。留养茶园要改为平

图3.33　茶树轻修剪

蓬机采茶园的，可在春茶后进行重修剪。

（4）台刈。适用于树冠衰老、枝干灰白、叶片稀少，失去有效生产能力的茶树，在茶树离地5~10cm处剪去全部枝条。台刈要求剪口光滑，倾斜，切忌砍破桩头，以利切口愈合和抽发新枝，台刈的时间以春茶前为好。台刈后的茶树要注意留养，经2~3次定型修剪后即可投入正常采摘。

（四）土壤管理

茶树行间土壤耕作包括浅耕和深耕两种，主要改善和调节土壤物理结构与水、气状况，有利于茶树根系对养分和水分的吸收。合理的耕作可以疏松土壤，促进土壤微生物活动，加速茶树根系的更新和生长。

1.浅耕

浅耕深度不超过15cm，它的主要作用是破除土壤板结，改善土壤的通气和透水性状，消灭茶园杂草。浅耕的次数应根据土壤板结及杂草生长情况而定，一般每季度1~2次。浅耕还能提高土壤保水蓄水能力，减少土壤水分的损耗。由于浅耕改善了土壤的物理结构，在降雨季节还能提高土壤的保水、蓄水能力；在旱季，因土壤的毛细管被切断，土壤蒸发作用降低，减少了土壤水分的损失。

2.深耕

茶园深耕一般在茶叶采摘后结合施肥进行，深度在20~30cm。深耕包括人工深翻和机械深耕两种。成龄投产茶园的深耕深度一般不超过30cm，宽度以40~50cm为宜，不要太靠近茶树根茎部位。一般每年深耕1次，与秋冬茶园施用基肥相结合。

3.除草

茶园中的大多数恶性杂草均在夏季生长。茶园除草一般可与茶园的浅耕和深耕结合进行，但在杂草旺盛季节应单独进行人工除草或喷洒除草剂。除草剂应做到定向喷雾，不要污染茶叶，要适当延长茶叶采摘的间隔期。

4.土壤改良

长期大量施用化肥易造成土壤板结酸化。对于土壤pH值低于4.0的茶园，宜通过白云石粉、石灰等土壤酸化改良剂来提高土壤pH值，使其达到4.0~5.5。

（五）施肥管理

参照中国农业科学院茶叶研究所编制的《浙江茶园化肥减施增效技术规程》团体标准，现将不同生产模式茶园的施肥技术参数简述如下。

1.养分年度适宜用量

（1）名优绿茶采摘茶园。氮素（以N计）用量为200~300kg/hm²，磷肥（P_2O_5计）用量为60~90kg/hm²，钾肥（以K_2O计）用量为60~90kg/hm²，土壤有效镁含量低于50mg/kg时施用镁肥（以MgO计）20~40kg/hm²。

（2）白化类茶树品种采摘茶园。氮素（以N计）用量为200~250kg/hm²，磷肥（以P_2O_5计）用量为60~90kg/hm²，钾肥（以K_2O计）用量为90~120kg/hm²。只在土壤缺镁（<50mg/kg）时施用镁肥，用量（以MgO计）为20~30kg/hm²。

（3）大宗绿茶采摘茶园。氮素（以N计）用量为300~450kg/hm²，磷肥（以P_2O_5计）用量为90~120kg/hm²，钾肥（以K_2O计）用量为90~120kg/hm²，镁肥（以MgO）用量为30~60kg/hm²。当干茶产量超过3750kg/hm²时，可适当提高氮素用量，但不超过600kg/hm²。

2.有机肥替代化肥

有机肥替代化肥的适宜比例为总施肥量（以N计）的20%~30%，有机肥养分计入年度总用量。

3.施肥时期

（1）基肥。全年茶季结束，9月底至10月底。

（2）追肥。名优绿茶、白化类茶树品种采摘茶园需追肥，第一次追肥为春茶开采前30~40天；第二次追肥为春茶结束重修剪前，一般在4—5月。

大宗绿茶采摘茶园追肥，第一次追肥为春茶开采前30~40天；第二次追肥为春茶结束、夏茶采摘前20天，一般在5—6月；第三次追肥为夏茶结束、秋茶采摘前20天，一般在7—8月。

4.施肥方式

（1）基肥。基肥采用人工或适宜机械，在茶树行间开沟，深度为15~20cm，宽度为15~20cm；有机肥、复合肥等混合后施入沟中，施用后覆土。土壤酸化改良剂可在行间直接撒施，或随机械耕作与土壤混合。有机肥或复合肥严禁直接表面撒施。

（2）追肥。人工施用追肥时，茶树行间应开沟，深度为5~10cm，宽度为10~15cm，肥料施入沟中，施用后覆土。机械施用追肥时，先将肥料均匀撒施于行间土壤表面，再以耕作机械进行旋耕或翻耕，耕作深度为5~10cm，使肥料和土壤充分混匀。固体肥料追肥不宜直接表面撒施。

 **思考题**

1.对于新种茶园，如何提高茶苗成活率？
2.幼年茶树的定型修剪应如何进行？
3.采摘茶园如何施用基肥和追肥？

四、茶叶采摘

（一）采摘模式

采摘方式和采摘技术应与所生产加工的茶类对应。浙江省主产绿茶，目前推行的茶叶采摘制度或采摘模式主要有以下四种。

1.全年采名茶模式

该种采摘模式往往存在于茶园经营规模较小的专业大户、以家庭茶场采制为主的名茶主产区。

2.名优绿茶与大宗茶组合采摘模式

名优绿茶与大宗茶组合采摘模式即早春（或早春晚秋）采名茶、其他时间采大宗茶模式，这也是较为普遍的一种采摘模式。茶场根据自己的名优绿茶销售能力，在春茶早期和秋茶晚期采制名优绿茶，其余时间采制珠茶、炒青茶、蒸青茶等大宗茶。

3.全年采大宗茶模式

规模茶场往往全年只采大宗茶，其中绝大多数依靠机械采摘（简称机采）。

4.全年只采春季名茶模式

全年只采春季名茶模式即一年只在春季采摘名优绿茶，目前在浙江茶区应用较广。在春茶结束后，立即将大部分上年所长新梢剪去，到10月进行一次翻土并施入有机肥，翌年春茶时进行立体采摘。由于采摘对象不是传统的经修剪形成的整齐树冠面上长出的顶层新梢芽叶，而是上一年留养新梢上从上到下各张叶片上腋芽长成的新梢芽叶，故通常称之为"立体采摘"。这种采摘模式虽然全年产量较低，但春茶芽叶粗壮、名茶产量高、品质好，深受茶农欢迎。

（二）手工采摘

手工采茶虽然效率较低，但能将各类茶叶的采摘标准与茶叶的采留相结合，是目前采摘名优绿茶普遍采用的方式。不同的名优绿茶对鲜叶原料又各有特定的要求，因此在采摘嫩度和时间上相差悬殊。

1.以单芽为对象的名优茶采摘

知名度较高的单芽名茶有诸暨绿剑茶、桐庐雪水云绿等。绿剑茶在清明前后采摘，鲜叶全系粗壮芽头，一般长 25~30mm，宽 3~4mm，芽柄长 2~3mm。采摘时，提手将芽头折断，断面要整齐，忌用掐采。采摘上力求做到雨天不采、细瘦芽不采、风伤芽不采、虫伤芽不采、开口芽不采、空心芽不采、有病弯曲芽不采和过长过短芽不采。采摘后还需对不合规格的茶芽进行一次拣选（见图3.34、图 3.35 ）。

图3.34　早春名优绿茶高档原料（手采）

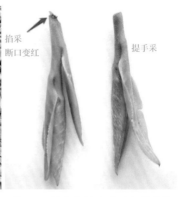

图3.35　掐采与提手采的新梢质量
比较

2.以细嫩芽叶为对象的名优茶采摘

以一芽一叶、一芽二叶的细嫩芽叶为主要采摘对象，要求芽叶细嫩、匀整度高。龙井茶、径山茶、安吉白茶等均以细嫩芽叶为采摘对象（见图3.36）。

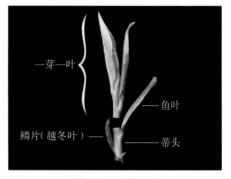

图3.36　一芽一叶

（三）机械采摘

农村劳动力的日益紧缺给依赖于劳动密集型作业的茶叶采摘带来了巨大冲击，成本的提高严重影响了茶产业的可持续发展。与手工采茶相比，机采可提高工效约15倍，降低采茶成本50%以上，提高质量一个等级，增加产量10%以上。机采已成为当前大宗茶和中低档名优茶"节本增效"的重要技术措施（见图3.37、图3.38、图3.39）。

1.机采茶园的建立

机采茶园宜选择平地、坡度小于15°的缓坡地或坡度小于25°的等高梯地，且为土层深厚、树势健壮、无缺株断行的条栽茶园。同一地块的茶树应品种一致，茶树品种宜选择发芽整齐、生长势强、种性较纯的品种，新种植的茶园应采用无性系良种，规模茶园应注意早、中、晚生品种合理搭配。

新垦和改植的平地、缓坡茶园，应采用"条栽方式"种植，以株距30cm、行距150cm、行长40m为宜。等高梯地茶园的梯面宽应不少于200cm，距内侧100cm处单行种植；每加植一行，梯面增宽150cm。机采茶园的茶树采摘面高度宜维持在60~80cm，并应在行间留有15~20cm的操作道。茶园宜每隔40m修建一条人行道，宜在茶园四周留有200cm通道，以便机械通行与肥料、鲜叶等运输。

2.机采茶园树冠培养

（1）树冠要求。茶树采摘面应平整，树冠面应保持规格化形状，即与所使用的采茶机械刀片形状相一致，呈水平状或略呈弧形。茶园冬季树冠宜保持在绿叶层10cm以上、叶面积指数为3~4。

（2）手采茶园改机采茶园的树冠培养。手采茶园改机采

图3.37 切割式微型采茶机

图3.38 折断式微型采茶机

图3.39 单人采茶机

茶园后，应视树势状况对树冠进行系统修剪，待树冠形成平整的采摘面后才能实行机采；没有进行良好修剪的茶园不适宜机采。使用的修剪机械要和采茶机械相配套。

对于生长健壮、未形成"鸡爪枝"、冠面比较平整、树高在80cm以下的青壮龄手采茶园，在用与采茶机刀形状相一致的双人修剪机轻修剪后，长出的新梢即可进行机采。对于树冠高低不平，已形成"鸡爪枝"层，但中、下部各级分枝健壮、树高在90cm以下的手采茶园，宜进行10~20cm深修剪，适当留养后可进行机采。对于树高在90cm以上或树势衰老但骨干枝仍健壮的手采茶园，需进行离地30~40cm的重修剪，同时改土增肥，培养好树冠后，才能进行机采。对于树龄较大、树势衰败的茶园，则要通过台刈改造，重新培育树冠后才能实行机采。重修剪与台刈改造后的树冠要使用机器进行系统修剪和采摘。

手采茶园改机采茶园的修剪时期，以春茶前进行为好；考虑到当年茶园收益，以"春茶早结束早修剪，夏秋茶开始实行机修和机采"为好。

（3）幼龄茶园的树冠培养。幼龄茶园在茶苗定植后应采用常规方法进行系统的定型修剪，第三次定型修剪用修剪机械进行，高度控制在45~50cm。成龄后按常规方法进行机修和机采，每年比上一年提高5cm，坡地茶园宜将采摘面修剪成与山坡面平行，以利机采。

（4）机采茶园的年间修剪。每年在春茶萌发前进行一次轻修剪，修剪深度为3~5cm，修剪宜在2月中旬至3月上旬进行。每次机采后的一周内要进行一次掸剪，剪去采摘面上的硬梢和突出枝叶。秋季通常要在机采茶园的行间与周旁，用修边机或大剪刀及时修边，保持15~20cm宽的行走通道。

（5）机采茶园的树冠更新。机采连续进行多年后，当树冠偏高、树势衰退、叶层变薄、"鸡爪枝"重现时，则应采取改造措施来维持良好的机采树冠。机采茶园的树冠改造周期为连续机采五年后进行一次深修剪；连续深修剪两次后进行一次重修剪；连续重修剪两次后进行一次台刈或换种改植。采取台刈、重修剪、深修剪改造措施时应与改土、改园相结合，增施有机肥和磷钾肥，尽可能将修剪枝叶还园或铺草覆盖。

（6）机采茶园的留养。叶层和叶面积指数达不到要求时应适当增加留叶量。机采茶园的留养方法是提早封园，留蓄秋梢，即在秋季留养一轮秋梢不采或留1~2张大叶采。

3.机采茶园肥培管理

机采茶园需要有较高的肥培管理水平，应重施有机肥，适当增施氮肥。施肥标准可用上年鲜叶产量来确定，每100kg鲜叶年施纯氮4kg以上，氮、磷、钾按4∶1∶1配施。在全年机采结束后的9月下旬至10月中旬开沟深施基肥，沟深不低于20cm，每亩施饼肥150kg以上，或施栏肥、厩肥等土杂肥3000~5000kg，施后覆土；并施全年速效氮肥总量20%的复合肥、尿素等化肥。分三次施用追肥，春茶前50%，春茶后25%，夏茶后25%；开沟施，沟深5~10cm（见图3.40）。

图3.40　日本的机械化采摘茶园

4.鲜叶采摘

（1）采茶机和修剪机的选型配套。采茶机的选型要根据茶园立地条件与树冠形状来选择，平地、缓坡条栽茶园选用双人采茶机，山地茶园、零星茶园选用单人采茶机，弧形树冠选用弧形采茶机，平形树冠选用平形采茶机。修剪机的选型要与采茶机相配套，即弧形采茶机选配弧形修剪机，双人采茶机配双人修剪机。

采茶机、修剪机的配置要根据生产规模与机械作业效率来确定，一般台时工效和年承担作业面积分别为双人采茶机1.5亩和70亩，单人采茶机0.5亩和25亩，双人轻修剪机2亩和100亩，单人修剪机0.5亩和30亩，轮式重修剪机2亩和400亩，圆盘式台刈机0.4亩和200亩。

（2）机采前的准备。茶园在机采前要及时手工采净过大、过长的突出新梢，以利采摘面上新梢大小一致。机采时应准备好专用集叶袋。

（3）机采适期与采摘批次。机采适期应根据茶树品种、茶叶类别、生产季节、采摘批次等多种因子综合考虑确定，如以"一芽二叶、一芽三叶及其对夹叶"为标准新梢，即标准新梢达到60%~80%时为机采适期（见图3.41）。机采批次应根据茶树品种、茶叶类别、产品等级、新梢生育情况灵活掌握，一般春茶采摘1~2次，夏茶采摘1次，秋茶采摘2~3次。

（4）机采作业要点。双人采茶机需配备3~4人，主机手背

图3.41 一芽二、三叶与同等嫩度的对夹叶

向机器前进方向后退作业，要目视茶树蓬面切口，并掌握采茶机剪口高度与前进速度；副机手面向主机手，稍滞后主机手40~50cm，采茶机与茶行横向保持15°~20°的夹角；余者扶持集叶袋，协助

机手采摘，或装运采摘叶。单人采茶机需配备 1~2 人，机手目视茶树蓬面切口，掌握好切口高度。

　　每行茶树应来回各采一次，去程应使剪口超出树冠中心线 5~10cm，回程再采另一侧的剩余部分，两次采摘高度应保持一致，使左右两侧采摘面整齐，防止树冠中心重复采摘。采摘时的进刀方向应与茶芽生长方向垂直，进刀高度根据留养要求掌握，通常以留鱼叶采摘或在上次采摘面上提高 1cm 采摘。机采作业中应保持机器动力中速运转，匀速前进。在采茶机动力保持中速运转的条件下，机采时的前进速度以每分钟前进 30m 为宜。

　　从集叶袋将采下的鲜叶倒入备好的容器盛装，置于阴凉处，并及时运回摊放、加工，防止鲜叶劣变。机采作业中，机手与辅助人员要密切配合，有效换袋、出叶、换行、加油，注意人机安全（见图 3.42、图 3.43）。

图3.42　名优绿茶机采试验　　　　图3.43　双人弧形采茶机作业

5.鲜叶加工

　　（1）鲜叶处理。根据机采鲜叶老嫩不匀、大小不一致、夹带老梗老叶的特点，鲜叶加工前宜用鲜叶分级机对机采鲜叶进行分级处理。同时，应根据鲜叶的加工需要，选用相应的加工设备（见图 3.44、图 3.45）。

图3.44　未经分级的机采鲜叶　　　　图3.45　分级后的机采鲜叶

（2）初制技术要点。蒸青茶的加工设备和加工工艺应与机采鲜叶特点相匹配，按照常规加工工艺进行初精制。长炒青加工，杀青宜采用滚筒杀青机，揉捻宜分筛复揉，三青宜分筛分炒。圆炒青加工，宜分筛对锅叶、筛面叶和筛底叶分别做大锅。扁炒青加工，可根据对成品茶外形的要求，在做形后期进行茶条切断处理。如加工烘青，杀青宜选用滚筒杀青机，中档茶要分筛复揉，干燥阶段适当延长初烘叶摊放时间。工夫红茶萎凋宜适当缩短加温时间，延长鼓冷风时间；发酵时，适当降低室温，提高湿度。

（3）精制技术要点。根据机采毛茶茎梗较多的特点，应适当增加拣梗、色选等设备，加强对茎梗等的处理。同时，炒青和烘青绿茶、工夫红茶的精制，应在常规工艺的基础上，切茶刀口应严格掌握，从松到紧，做到先分后抖，反复撩筛抖筛时应适当放宽抽筋筛孔，筋梗路从"先切后拣"改为"先拣后切"。

 **思考题**

1.机采对茶园立地条件有何要求？

2.机采茶园对树冠有何要求？现有手采茶园如何改为机采茶园？

3.根据机采鲜叶特点，在初制技术上应注意什么？

五、茶叶加工

我国茶类丰富多彩，绿茶、黄茶、黑茶、白茶、青茶（乌龙茶）和红茶等六大基本茶类齐全。浙江省茶叶加工以绿茶特别是名优绿茶为主，红茶等其他茶类为辅。现以扁形、卷曲形、芽针形、香茶类等不同类型名优绿茶和工夫红茶为对象，介绍相应的加工工艺和技术要点。

（一）扁形名优绿茶加工

扁形名优绿茶是浙江省名优茶的主要类型，以龙井茶为代表，外形扁平且光滑、色泽绿翠、香高味醇的优异品质深受消费者青睐（见图 3.46）。根据GB/T 18650—2008《地理标志产品　龙井茶》手工加工扁形名优绿茶的工艺流程为鲜叶摊放→青锅→摊凉回潮→青锅

图3.46　龙井茶

叶分筛→辉锅→干茶分筛→挺长头→复筛后归堆→收灰。

1.鲜叶摊放

鲜叶质量分为特级、1级、2级、3级、4级（见表 3.5）。摊放以室内自然摊放为主，可通过控制通风（关闭或开放门窗）来调节鲜叶的失水。有条件的可在空调室内或利用专用摊青设备进行摊放，根据鲜叶数量和加工能力来调节摊青进程。摊放场所要求清洁卫生、阴凉、空气流通、不受阳光直射。摊放厚度视天气、鲜叶老嫩而定，2级以上鲜叶原料的摊叶厚度控制在 30mm 以内，3级、4级鲜叶原料的摊叶厚度一般控制在 40~50mm。摊放时间视天气和原料而定，一般为 6~12h。晴天、干燥天时间可短些，阴雨天时间应相对长些。高档叶摊放时间应长些，低档叶摊放时间应短些，掌握"嫩叶长摊，中档叶短摊，低档叶少摊"的原则。在摊放过程中，中、低

档叶应轻翻1~2次，促使鲜叶水分散发均匀和摊放程度一致；高档叶尽量少翻，以免机械损伤。以叶面开始萎缩，叶质由硬变软，叶色由鲜绿转暗绿，清香显露，含水率降至68%~72%为摊放适度（见图3.47、图3.48）。

图3.47　摊青架摊放　　　　　图3.48　篾垫摊放

表3.5　龙井茶鲜叶质量分级表

等级	质量要求
特级	一芽一叶初展，芽叶夹角小，芽长于叶，芽叶匀齐肥壮
1级	一芽一叶至一芽二叶初展，以一芽一叶为主，一芽二叶初展在10%以下，芽稍长于叶，芽叶完整、匀净
2级	一芽一叶至一芽二叶，一芽二叶在30%以下，芽与叶长度基本相等，芽叶完整
3级	一芽二叶至一芽三叶初展，以一芽二叶为主，一芽三叶不超过30%，叶长于芽，芽叶完整
4级	一芽二叶至一芽三叶，一芽三叶不超过50%，叶长于芽，有部分嫩的对夹叶

2.青锅

鲜叶下锅时，锅底温度以150~200℃为宜（机械温度计显示温度，下同）。特级鲜叶为150~170℃，1~2级鲜叶为170~190℃，3~4级鲜叶为180~200℃。鲜叶投入锅中会有"噼啪"爆声，锅温掌握从高到低。投叶量根据手的大小和个人习惯掌握，一般特级鲜叶每锅100~150g，1~2级鲜叶每锅150~200g，3~4级鲜叶每锅250~300g，炒制中每锅投叶量应稳定一致。当芽叶初具扁平、挺直、软润、色绿一致，茶叶含水率降至40%左右时，即可出锅。

具体来说，青锅作业时应先用油褐沾极少炒茶专用油脂，润滑锅面，油烟散去后放入鲜叶。炒制时应先轻抓、轻抖，抖得高、散得匀，使茶叶均匀受热，充分散发水汽，炒约3min，等茶叶呈自然"瘪落"时适当降低温度并同时减少抖动，逐渐加用"搭带拓"等手法，开始轻，逐渐加重搭和拓的力度，以不出茶汁、不相互黏结，茶叶平扁为宜，炒约6~7min。加快手法的协调和运动速度，再炒3~4min，至茶叶有干燥感时起锅。炒制时用力过早易挤出茶汁使茶色暗或显黑，用力过迟易产生茶末或形成"空壳燥"，应先轻后重。青锅全程为12~14min（见图3.49）。

图3.49 龙井茶手工青锅

3.摊凉回潮

青锅叶出锅后应及时摊凉，尽快降温和散发水汽。青锅叶摊凉后，适当并堆，必要时可覆盖清洁棉布，使芽、茎、叶各部位的水分重新分布均匀并回软，时间以30~60min为宜。

4.青锅叶分筛

用不同孔径的茶筛将回潮后的青锅叶分成2~3档，簸去片末。高档叶可以不分筛。筛面叶解散搭叶，筛底叶簸去片末。筛面、中筛、筛底叶分别辉锅。

5.辉锅

准确掌握青锅叶落锅炒制时的锅温，特级、1级和2级茶炒制时，锅温宜分别保持在90℃、65℃和75℃，3级、4级茶炒制时，锅温可略高些。炒制过程基本保持平稳，在干茶出锅前略提高锅温，感到烫手即可，这能起到提香透出色泽的作用。投叶量根据手的大小和习惯确定，每锅炒制中应保持稳定一致。一般特级、1级、2级茶每锅投青锅叶200~250g，3级、4级茶每锅投青锅叶250~300g。辉锅程度掌握在干茶含水率6.5%以下。

　　具体来说，在辉锅作业过程中，应先用油褐沾极少量炒茶专用油脂，润滑锅面，放入青锅叶。用力程度应与锅温有机结合，即轻一重一轻。开始应轻抓、轻抖、稍搭，把茶叶匀齐地掌握在手中，以理条和散发水汽为目的，炒3~8min；然后逐渐转入"手不离茶、茶不离锅"阶段，用搭、抓、捺、扣等手法，把茶叶齐直地攒在手中，然后逐步以抓、扣、挺的手法代替搭、抓的手法。将抓、挺、捺、扣手法相互交替，密切配合，使茶叶在手中"里外交换"吞吐均匀，炒5~6min。当茶叶出现灰白（即茶的茸毛显露）时，可略提高锅温（有烫手感），用力减轻，为使茶茸毛脱离茶身，改用抓、挺、磨等手法，使茶叶光、扁、平、直。当茶毛起球脱落时，一定要"守住"茶叶，尽量不让茶叶"逃出"手外，当茶毛脱净、茶叶一折就断时，即可起锅，炒约5min。如要增加扁平度，应在炒制中期进行抓、挺、磨，用压的手法增强对茶叶的压力和重力，促使茶叶更趋平实和光滑。辉锅全程为15~20min（见图3.50）。

图3.50　龙井茶手工辉锅

　　6.干茶分筛

　　炒制好的干茶经摊凉后，选用不同孔径的龙井茶筛，分出2~3档；再筛面（头子）、中筛和筛底（底子）。

　　7.挺长头

　　各级干茶的筛面茶都应挺长头，方法与辉锅相同。

　　8.复筛后归堆

　　将经过筛分后的各级筛号茶按同级筛号归堆，并分别标上日期、等级、数量；经过几天采制后，将同一等级的茶归堆，重新标上日期、数量。

9.收灰

将茶叶放在专用储存缸或其他容器中，将茶叶与生石灰按5∶1的比例储放，时间以10~15天为宜。茶叶与生石灰不能直接接触，之间用纸或本白白布隔开（见图3.51）。

图3.51　龙井茶手工炒制车间

目前，扁形名优绿茶基本实现了单机或生产线加工，具体作业参照所用机械说明书（见图3.52、图3.53）。

图3.52　龙井茶全自动炒制机（单机）

图3.53　龙井茶连续化加工车间

（二）卷曲形名优绿茶加工

余杭径山茶是浙江省十大名茶，也是卷曲形名优绿茶的典型代表（见图3.54）。根据DB 33/T 257.2—2010《径山茶　第2部分：加工技术规程》径山茶的加工工艺流程为鲜叶摊放→杀青→揉捻→烘焙。

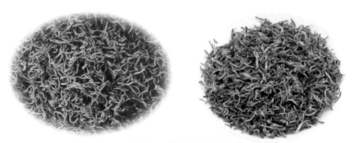

图3.54　卷曲形名优绿茶

1.原料要求

鲜叶要求不带茶蒂，不含鳞片、鱼叶，芽叶新鲜，无劣变或异味，无其他非茶类杂物。鲜叶进厂要分级摊放和分批加工，各级鲜叶的技术指标应符合规定（见表3.6）。

表3.6　径山茶鲜叶质量分级表

级别	质量要求
特级	一芽一叶或一芽二叶初展，芽长于叶、芽叶长度为2～2.5cm，芽叶新鲜，不带鱼叶、鳞片、茶蒂、单片、紫芽、病叶和虫咬叶
1级	一芽一叶或一芽二叶初展为主，芽叶长度基本相等，长度为2.5～3cm，芽叶完整，匀净，不带单片、病叶和虫咬叶
2级	一芽一叶或一芽二叶，叶长于芽，长度3～3.5cm，新鲜，不带病叶和虫咬叶

2. 鲜叶摊放

鲜叶进厂要及时均匀地薄摊在篾垫上，置于阴凉通风处。摊放厚度随鲜叶的级别而定，特级鲜叶以芽叶间互不重叠为度，1级以下厚度可适当增加。摊放时间一般为6～12h。摊放过程要适当轻翻，以利于水分均匀散发。摊放程度以含水率降至70%，显清香，叶子变软为适度。

3. 杀青

杀青可采用手工杀青，也可采用机械杀青。手工杀青在直径64cm的炒锅中进行，锅温为120～130℃，投叶量为200～250g，鲜叶下锅后要迅速用手翻炒，双手进行，以"翻得快、扬得高、捞得净、撒得开，以杀匀、杀透，保持翠绿"为原则，整个杀青时间掌握在10～15min。机械杀青宜选用30型滚筒杀青机，转速为20~25r/min，出叶口的筒腔内气温为90℃，投叶量为每小时15～20kg，杀青时间从进叶到出叶应控制在1min左右。滚筒杀青机的出叶口应配装排气扇。杀青以叶质变软，叶色转暗，略卷成条，折梗不断，清香显露，杀匀杀透为适度。杀青叶出锅摊凉后要理条。理条采用斜锅，手法为先抛后理，抛理结合，以继续散发一部分水分，理直条形为目的。锅温以80~90℃为宜，理条叶含水量控制在58%～60%。

4. 揉捻

杀青叶必须先经摊凉后才能揉捻，可用手工或小型揉捻机进行揉捻。手工揉捻在光洁桌面上或篾匾内进行，一般为250g杀青叶，手法来回带旋转推揉，先轻后重、来轻去重，后期又转轻，揉捻时间特级茶叶为 10~15min，1 级茶叶为 15~20min，2 级以下茶叶为 20~25min。机揉投叶量以揉桶九成满为度，机揉加压以轻压为原则，特 1、特 2 级茶叶基本上不加压，特 3 级茶叶在揉捻中间阶段略轻压，1~3 级茶叶可在中间加轻压 5~8min，但揉捻时间要保证，一般为 20~25min。揉捻质量以"既揉紧条索又保持芽叶完整"为原则，揉捻工序结束，揉捻叶要及时解块和转入下道烘干工序。

5.烘焙

烘焙可用炭火烘焙，也可用烘干机烘焙，分毛火和足火两道工序，毛火以茶叶八成干为度，足火应控制含水量在 5.5% 以下。炭火烘焙以优质木炭为燃料，不能有木炭味，烘焙宜采用竹编烘笼，笼上要垫一层白棉纱布。毛火摊叶厚度约为 1cm，以旺火快烘为原则，笼顶温度掌握在 70~90℃，先高后低，毛火过程中要勤翻，约2~3min 翻动一次，翻时动作要轻，先手提纱布四角收拢茶叶，然后再轻轻摊开。足火以 8~10 笼毛火拼一笼，以文火慢烘，发展茶香为原则，笼顶温度约为 60℃。烘干机烘焙宜采用鼓热风的单层式烘床名茶烘干机，烘干机毛火风温掌握在 70~80℃，摊叶厚度为2~3cm。足火风温掌握在 50~60℃，摊叶厚度为 8~10cm。经足干后的茶叶要及时拣去黄叶等不合格物，及时收藏。

（三）芽针形名优绿茶加工

芽针形绿茶是指以中小叶种茶树的单芽或一芽一叶为原料，经摊放、杀青、理条、干燥工艺加工形成的，外形具有针状或自然嫩芽形状的绿茶（见图 3.55）。基本加工设备为摊青机、滚筒杀青机、理条机、电炒锅、烘干机、滚筒辉干机、风选机等。根据 DB 33/T 2013—2016《针（芽）形绿茶加工技术规范》，芽针形名优绿茶的工艺流程为鲜叶摊放→杀青→摊凉→理条→摊凉→二次理条→摊凉→干燥→整理。

1.鲜叶原料要求

芽叶完整，新鲜匀净。不带茶蒂、茶果，不含鳞片、鱼叶、单片及非茶类夹杂物。用于同批次加工的鲜叶等级应一致。

图3.55　芽针形名优绿茶

2.鲜叶摊放

鲜叶到厂后应及时摊放，摊放使用竹匾、篾簟等符合食品加工的专用工具或摊青槽、摊青机等专用摊青设施。不同等级、不同品种、不同采摘时间的鲜叶，雨水叶与晴天叶应分开摊放、分别加工。摊放厚度以1~3cm为宜，随鲜叶级别而定，特级鲜叶以芽叶间互不重叠为度，随着鲜叶原料嫩度降低可适当增加摊放厚度。摊叶时要求抖散摊平至蓬松状态，保持厚薄一致。摊放时间为6~12h，根据含水量因叶、因时而定，摊放过程中，适当翻叶透气散热，应轻翻、翻匀，以减少机械损伤。摊放程度以芽、叶萎缩，叶质变软，色泽由鲜绿转暗绿，青草气减退，清香显露，含水率降至65%~70%为适度。

3.杀青

宜选用80或90型滚筒杀青机。在滚筒壁温达到220~250℃、出口处温度达到100~120℃时匀速投叶。直径80cm的滚筒杀青机每小时投摊青叶70~80kg，从鲜叶入筒到出筒，时间掌握在100~120s；直径90cm的滚筒杀青机每小时投摊青叶90~100kg，从鲜叶入筒到出筒，时间掌握在120~150s。滚筒杀青机出叶口应配备排气扇辅助排湿。杀青以叶色转暗，芽叶变软略有黏性，色泽转暗绿，无焦边，梗不红，折不断为适度。

4.摊凉

杀青叶使用竹匾、篾簟或摊凉平台专用工具及时摊凉回潮，时间为40~60min，以芽、叶中的水分重新分布，手捏芽叶柔软为适度。

5. 理条

采用理条机。当槽体温度达到110℃时投叶，每槽均匀投放90~100g杀青叶，理条时间为5~8min。理条以条索圆直、香气外溢，有轻微触手感为适度。

6. 摊凉

理条叶及时摊凉回潮，时间为40~60min，以手捏芽叶较柔软为适度。

7. 二次理条

采用理条机。当槽体温度达到90℃时投叶，每槽均匀投放110~120g条叶，理条时间为10~15min。二次理条以条索挺直、香气显露，有触手感为适度。

8. 摊凉

二次理条叶应及时摊凉回潮，时间为40~60min，以手捏芽叶略柔软为适度。

9. 干燥

干燥可采用辉干工艺或烘干工艺。

辉干工艺采用电炒锅或滚筒辉干机。电炒锅辉干的锅温为70~80℃，投叶量为140~150g，时间为10~12min。要轻抓、轻扣，以保持外形条索笔直，色泽翠绿。起锅前0.5~1min提高锅温到85℃，以利茶毫显露，香气提高。辉干机辉干的筒体温度为80~90℃，投叶量为3~5kg，时间为12~15min，出叶前0.5~1min提高筒体温度到95℃，以提高茶叶香气。

烘干工艺可采用烘干机。烘干分初烘和复烘。初烘烘干机进风口温度为110~130℃时上叶，均匀摊薄，以不见筛网为宜，中快速运转，时间为5~8min。以芽、叶外表干燥，内芯有丝状牵连为适度。初烘后进行摊凉回潮，时间为40~60min，使芽叶内外水分均匀分布。复烘烘干机进风口温度为90~110℃时上叶，均匀摊薄，摊叶厚度比初烘稍厚，以不见筛网为宜，中慢速运转，时间为12~15min。以茶条紧直光滑，手捻芽叶成粉末，折梗即断，含水量在5%~6%为适度。

10. 整理

摊凉散热后的茶叶用风选机风选，去除碎末，剔除杂物，分级归堆。

（四）香茶类优质绿茶加工

香茶通常指以中小叶种一芽二叶或一芽三叶茶树新梢为主要原料，用循环滚炒等特定工艺加工而成，具有高香特征的一种炒青绿茶。近年来，香茶类优质绿茶发展迅速，具有优良内质、适中价格、规模生产的优势，市场前景被看好。现以松阳、遂昌香茶生产为例，DB 33T 967—2015《香茶加工技术规程》为主要技术依据，介绍其加工技术（见图3.56）。

图3.56 机采机制香茶

香茶的加工工艺流程为鲜叶摊放→杀青→摊凉回潮→揉捻→解块→循环滚炒（二青）→摊凉→循环滚炒（提香）→整理。香茶加工的设备主要为滚筒杀青机、揉捻机、解块机、色选机等。

香茶加工鲜叶原料应为中小叶种茶树新梢，要求色泽鲜绿，新鲜匀净，无劣变或异味，无夹杂物。用于同批次加工的鲜叶等级应基本一致。鲜叶原料分1级、2级和3级（见表3.7）。

表3.7 香茶鲜叶质量分级表

等级	质量要求
1级	一芽一叶或一芽二叶在70%以上，芽叶匀整
2级	一芽二叶或一芽三叶在60%以上，芽叶较完整，匀净
3级	一芽四叶在50%以上，可含少量同等嫩度的对夹叶或单片

1. 鲜叶摊放

摊放场地应清洁卫生、阴凉、无异味、空气流通、不受阳光直射。鲜叶到厂后及时摊放。摊放使用竹匾、篾簟等专用工具或摊青槽、摊青机等专用摊青设施。不同等级、品种、采摘时间的鲜叶，雨水叶与晴天叶应分开摊放、分别加工。摊放厚度为 6~10cm。摊放时间为 6~8h，因叶、因时而定，以叶色变暗，叶质柔软为宜。摊放过程中要适当翻叶，应轻翻、翻匀，以减少机械损伤。

2. 杀青

用滚筒杀青机杀青，筒体温度达到 280~320℃时投叶，70 型滚筒杀青机每小时投叶 60~80kg，80 型滚筒杀青机每小时投叶 80~100kg，90 型滚筒杀青机每小时投叶 150~200kg。杀青过程中应使用风扇和鼓风机辅助排湿，出叶后及时摊凉，

图3.57　杀青

防止堆积渥黄。以杀透杀匀，青草气散失，手捏不黏，折梗不断，茶香显露，含水量在 50%~60% 为适度（见图 3.57）。

3. 摊凉回潮

杀青叶应及时摊凉。摊凉时间为 20~30min。摊凉使用竹匾、篾簟或摊凉平台专用工具。充分摊凉后堆放回潮，回潮时间为 60~120min。严格掌握摊凉回潮程度，以茶梗与叶片中的水分重新分布，手捏茶叶柔软为适度。

4. 揉捻

杀青叶经摊凉回潮后揉捻。揉捻在揉捻机上进行。揉捻投叶量根据机型大小、叶质老嫩情况而定。45 型揉捻机每筒投叶 30~32kg，55 型揉捻机每筒投叶 35~37kg，以手压紧实为适宜。揉捻

采用轻压长揉方式。揉捻时间根据原料嫩度不同控制在 1~3h，压力以"先轻后重、逐步加压、轻重交替、最后松压"原则进行。揉捻至成条率达到 85%~95% 为适度。出叶前不加压空揉 3~5 min，以起到解块作用（见图 3.58 ）。

图3.58　揉捻

5.解块

揉捻出叶后及时解块，解块宜在解块机上进行，以茶叶团块全部散开为宜。

6.循环滚炒（二青）

用滚筒杀青机循环滚炒，筒体温度达到 250~280℃时投叶，70 型滚筒杀青机每小时投叶 30~35kg，80 型滚筒杀青机每小时投叶 50~55kg，90 型滚筒杀青机每小时投叶 70~75kg。要求高温、快速、少量、排湿，以保持叶色翠绿。二青过程循环滚炒 5 次左右，时间为 40~45min，含水量在 14% 左右为宜。在二青过程中，应使用风扇和鼓风机辅助排湿，出叶后及时摊凉。

7.摊凉

二青叶及时摊凉。摊凉使用竹匾、篾簟或摊凉平台专用工具。摊凉时间掌握在 30~40min，以充分摊凉为宜。摊凉程度以茶梗与叶片中的水分重新分布，手捏茶叶有触手感为适度。

8.循环滚炒（提香）

用滚筒杀青机循环滚炒提香。筒体温度达到 80~110℃时投叶，70 型滚筒杀青机每小时投叶 28~30kg，80 型滚筒杀青机每小时投叶 46~48kg，90 型滚筒杀青机每小时投二青叶 64~66kg。循环滚炒提香时间为 15~20min，至含水量 5%~6% 为宜。出叶后要迅速摊开、散热。

9. 整理

通过筛分、风选，去除片碎末茶。用茶叶色选机拣梗剔杂。

（五）工夫红茶加工

红茶是发酵茶，加工通过萎凋来增强酶的活性，经揉捻（切）破坏茶叶的内部结构。发酵过程中，茶多酚在多酚氧化酶的催化作用下，氧化聚合成了茶黄素和茶红素等红茶色素，形成了红茶的红汤红叶的品质特点，再经烘干将红茶的品质固定下来。

工夫红茶外形条索紧直、匀齐、色泽乌润，香气馥郁，滋味醇和而甘浓，汤色叶底红艳明亮为宜（见图3.59）。现以DB 33/T 2164—2018《工夫红茶加工技术规范》为依据，介绍名优工夫红茶的加工工艺及技术要点。

工夫红茶初制工艺流程为鲜叶萎凋→揉捻→解块分筛→发酵→初干→摊凉回潮→足干。配套加工机具主要包括萎凋槽（机、室）、揉捻机、解块机、发酵机（室）、烘干机、烘笼、筛分机、色选机、风选机等。

图3.59　工夫红茶

1. 鲜叶原料要求

要求芽叶完整，新鲜匀净，不带蒂，不含鳞片、鱼叶，无劣变或异味，无夹杂物。用于同批次加工的鲜叶，其嫩度、匀度、新鲜度应基本一致。鲜叶进厂后应及时验收，分级管理。不同品种、嫩度的鲜叶、上午采与下午采的鲜叶、晴天与雨（露）水采的鲜叶应分别摊放。

鲜叶原料分为特级、1级、2级、3级和4级，应符合要求（见表3.8）。

表3.8　工夫红茶鲜叶质量分级表

级　别	质量要求
特级	单芽、一芽一叶或一芽二叶初展，芽叶长短匀齐
1级	一芽二叶初展或一芽二叶，以一芽二叶为主
2级	一芽二叶为主，少量一芽三叶
3级	一芽三叶为主，少量对夹叶
4级	一芽三叶、一芽四叶为主，多对夹叶

2.鲜叶萎凋

通常采取自然萎凋或萎凋槽萎凋。

自然萎凋：萎凋室应清洁卫生、空气流通，温度应在20~30℃，相对湿度为60%~70%，应嫩叶薄摊，时间以10~20h为宜。遇低温阴雨、空气潮湿天气，应采取增温除湿方式。采用日光萎凋时，应在弱光下进行，一般春茶在上午9时前、下午4时后进行；夏秋茶在上午8时前、下午5时后进行，每0.5h翻动一次，根据鲜叶的等级萎凋0.5~1.5h后及时收回室内自然萎凋。

萎凋槽萎凋：摊叶厚度为8~12cm，热风温度控制在30~35℃，萎凋时间控制在6~10h。每隔1h停止鼓风10min并翻拌一次，湿叶应先吹冷风，等表面水分吹干后再加温。夏季气温高，空气温度≥35℃时只鼓风不加温。

萎凋程度：春茶萎凋程度应重，夏秋茶应轻，萎凋叶含水率控制在53%~58%。感官判定萎凋适度应为叶面失去光泽，叶色暗绿，叶形萎缩，叶质柔软，折梗不断，紧握成团，松手可缓慢松散，青草气减退，有清香（见图3.60）。

3.揉捻

揉捻车间室温宜保持20~30℃，相对湿度应为70%~85%。夏秋季高温低湿条件下，需采用洒水、喷雾、挂窗帘等措施，以降温

图3.60　鲜叶萎凋

增湿，使揉捻叶保持一定含水率。投叶量按揉桶直径和萎凋情况来决定，装叶量以低于揉筒平面 1~2cm 为宜。揉捻时间以 1.0~1.5h 为宜，揉捻机型大的用时可短些。揉捻加压掌握"轻—重—轻"的原则，即空压揉 10~15min，轻压揉 10~15min，松压揉 5min，轻压揉 10min，中压揉 10min，最后松压揉 5min 为宜。以揉捻叶成条率在 90% 以上，揉捻叶紧卷成条，茶汁充分揉出而不流失，揉捻叶局部泛红并发出浓烈的青草气味为揉捻适度。

4. 解块分筛

先将揉捻叶投入解块机解块，再用 3~4 目筛网进行分筛，筛下叶直接进行发酵，筛上叶进行第二次揉捻。揉捻时间宜为 30min，其中以空压揉 5min、轻压揉 10min、中压揉 10min、松压揉 5min 为宜。

5. 发酵

宜采用专用发酵设施。发酵环境温度以 24~28℃ 为宜，叶温以 30℃ 为宜，相对湿度控制在 95% 以上。保持室内新鲜空气流通。用发酵框发酵，厚度以 10~20cm 为宜，发酵时间为 4~8h。以发酵叶色泽介于红橙与橙红之间，红中带橙黄，叶脉及汁液泛红，青草气消失，发出花果香时为发酵适度。

6.初干

宜采用自动烘干机。自动烘干机进风口温度达110℃开始上叶，摊放厚度为1~2cm，时间为10~15min，过程温度控制在110~120℃。条索收紧，有刺手感，手捻成碎片，含水率在20%~25%。

7.摊凉回潮

采用竹垫、篾匾或专用摊凉设备。将初干后的茶叶及时均匀薄摊于竹垫、篾匾或专用摊凉设备中，厚度为3~5cm，时间为1.0~2.0h。至茶叶温度回到室温，茶条回软。

8.足干

宜采用自动烘干机、提香机、烘笼等设备。采用自动烘干机时，进风口温度达85℃开始上叶，摊放厚度为3~5cm，时间为15~20min，过程温度控制在85~100℃。采用提香机时，在温度70℃加入初干叶，摊叶厚度为3~5cm，转动过程温度控制在70~80℃，时间为1.5~2.0h。采用烘笼炭火烘焙，温度为70~80℃，摊叶厚度为3~5cm，1.0h后加盖，隔0.5h翻拌一次，时间为1.5~2.0h。以茶梗一折即断，用手捻茶条成细碎粉末，含水率在6%以下为适。

将初制的红毛茶用平面圆筛机与抖筛机进行筛分，加工成大小粗细基本一致的筛号茶；再用风选机风选，去除碎末片茶；根据需要可用色选机拣梗剔杂，精制成拼配原料。

 思考题

1.名优绿茶加工中，鲜叶摊放应注意什么？
2.简述卷曲形名优绿茶的基本加工工艺及技术要点。
3.简述芽针形名优绿茶的基本加工工艺及技术要点。
5.简述香茶的加工工艺流程及技术要点。
6.简述工夫红茶的加工工艺流程及技术要点。

六、茶树病虫害绿色防控

（一）茶树主要害虫与防治

害虫是茶叶生产中最重要的自然灾害，浙江常见的茶树害虫有40余种，主要产生为害的是食叶型害虫和吸汁型害虫。食叶型害虫嚼食芽叶，直接造成减产，其中，尺蠖（蛾）类、毒蛾类、蓑蛾类、卷叶蛾类、刺蛾类、斑蛾类、夜蛾类、蚕蛾类和象甲类为害较重；吸汁型害虫以口针吸取茶树汁液，使芽叶萎缩，叶片脱落，生长停滞，这类害虫主要有叶蝉类、粉虱类、蚧类、盲蝽类、蚜虫类、叶螨类和蓟马类等。

1. 茶尺蠖

又称拱拱虫、量寸虫、吊丝虫，是茶树的主要害虫之一，分布各主要产茶区，主要在长江中下游，尤以浙江、江苏、安徽地区为多，寄主除茶树外，还有大豆、豇豆、芝麻、向日葵、菊花、辣蓼等植物和杂草。

（1）形态特征。

成虫：体长 9~12mm，翅展 20~30mm，有灰翅型和黑翅型两类。黑翅型体翅黑色，翅面线纹不明显；灰翅型全体灰白色，翅面疏披茶褐色或黑褐色鳞片，前翅有 4 条弯曲波状纹，外缘有 7 个小黑点，后翅有 2 条横纹，外缘有 5 个小黑点，秋季一般体色较深，线纹明显，体型也较大（见图 3.61）。

卵：椭圆形，长约 0.8mm，宽约 0.8mm，初产时鲜绿色，后渐变黄绿色，再转灰褐色，近孵化时为黑色。十粒、百余粒重叠成堆，稀覆有白色絮状物。

幼虫：1 龄幼虫体黑色，后期呈褐色，体长 1.8~4.0mm，腹部第一至第三节背面中部具 4 个白点，呈正方形排列，腹部第一至第六节气门处有 3 个白点，呈三角形排列；2 龄幼虫体黑褐色至褐色，体长 4.0~7.0mm，腹部节上的白点消失，后期在腹部第一、二节背面出现 2 个明显的黑色斑点；3 龄幼虫茶褐色，体长 7.0~12.0mm，

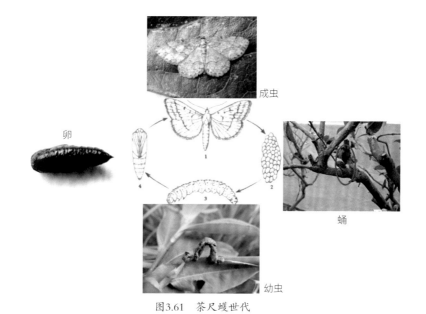

图3.61 茶尺蠖世代

腹部第二节背面出现"八"字形黑纹，腹部第八节上有倒"八"字形斑纹；4~5龄幼虫体色呈深褐至灰褐色，体长 12.0~32.0mm，自腹部第五节起背面出现黑色斑纹及双重菱形纹。

蛹：长椭圆形，赭褐色，臀刺近三角形，末端有分叉短刺。

（2）为害特征。可将成片茶园食成光秃，严重影响茶叶产量和品质。初孵幼虫十分活泼，善吐丝，有趋光、趋嫩性。3龄前幼虫在茶园中有明显的发虫中心。幼虫喜取食嫩芽叶，待嫩芽叶食尽后取食老叶；1龄幼虫取食嫩叶叶肉，留下表皮，被害叶呈现褐色点状凹斑；2龄幼虫能穿孔或自叶缘咬食，形成缺刻（花边叶）；3龄后幼虫则能全叶取食。幼虫3龄前食量较低，3龄后食量猛增，以末龄食量最大（见图 3.62、图 3.63）。

（3）发生规律。茶尺蠖在浙江、江苏、安徽等茶区一年发生5~6代，以蛹在茶树根际附近的土壤中越冬，次年2月下旬至3月上旬开始羽化。第一代卵在4月上旬开始孵化，孵化高峰期在4月中下旬；第二代孵化高峰期在6月上中旬，全年孵化高峰期为8月。

（4）防治措施。①保护天敌：尽量减少用药次数，保护天然的寄生性和捕食性天敌。
②清园灭蛹：结合茶园秋冬
季管理，清除树冠下落叶
及表土中的虫蛹。③培土
杀蛹：在茶树根颈四周培
土约10cm，并加镇压，可
防止越冬蛹羽化的成虫出
土。④喷施病毒：茶尺蠖核
型多角体病毒对茶尺蠖幼
虫有很强的感病率，施毒
时期掌握在1、2龄幼虫期。
⑤化学防治：用农药防治时
应严格按照防治指标，成
龄投产茶园的防治指标为
每亩幼虫量4500头。施
药适期掌握在3龄前幼虫
期。全面施药的重点代是
第4代，其次是第3代和第
5代，第1代和第2代提倡
挑治。施药方式以低容量
蓬面扫喷为宜。药剂可选
用0.6%苦参碱水剂（每亩
用药75~100ml）、2.5%溴
氰菊酯（敌杀死，每亩用药
20~25ml）、5.3%联苯·甲
维盐微乳剂（每亩用药
15~20ml）、22%噻虫·高
氯氟微囊悬浮—悬浮剂（每
亩用药15~20ml）（见图
3.64）。

图3.62　茶尺蠖为害状（轻）

图3.63　茶尺蠖为害状（重）

图3.64　被白僵菌感染的茶尺蠖幼虫

2.茶黑毒蛾

茶黑毒蛾又称茶茸毒蛾，自20世纪80年代开始已成为我国茶区的主要害虫。主要分布于安徽、浙江、江苏、江西、福建、湖南、贵州、云南、广西、台湾等地区。除为害茶树外，还能为害油茶等植物。

（1）形态特征。

成虫：雌蛾体长16~18mm，翅展36~38mm；雄蛾体长13~15mm，翅展28~30mm。体翅暗褐至栗黑色。前翅基部颜色较深，有数条黑色波状横线纹，翅中部近前缘处有一个较大近圆形的灰黄色斑，下方臀角内侧还有一个黑褐色斑块。后翅灰褐色，无线纹。

卵：扁球形，直径0.8~0.9mm，顶部凹陷。初产时灰白色，孵化前转黑色（见图3.65）。

幼虫：共5至6龄。1龄幼虫体长2.5~3.5mm，体淡黄至暗褐色，胸部第一节背有1对肉瘤；2龄幼虫体长6.0~8.0mm，体暗褐色，胸部第一、二节有2列黑色毛丛，腹部第八节背面可见1簇毛丛；3龄幼虫体长10.0~13.0mm，腹部

图3.65　茶黑毒蛾卵

第一至第五节均有毛丛，腹部第八节背面毛丛明显伸长；4龄幼虫体长14.0~23.0mm，腹部第一至第三节上毛丛呈棕色刷状，腹部第四、五节毛簇黄白色，腹部第八节毛簇黑褐色；5、6龄幼虫体长24.0~32.0mm，体黑褐色，体背及体侧有红色纵线，各体节瘤突上长有白、黑簇生毒毛，腹部第一至第四节毛簇棕色，腹部第五节毛簇黄白色，腹部第八节背面毛簇黑褐色，斜向后方伸出，其两侧有白色长毛，胸部第二节背面亦有白色长毛，向前方伸出（见图3.66、图3.67）。

蛹：体长13~15mm，黄褐色，有光泽，体表多黄色短毛，腹末臀刺较尖。蛹外有丝质绒茧，椭圆形，棕黄至棕褐色，质地较松软（见图3.68）。

（2）为害特征。幼虫嚼食茶叶，严重时叶片全被吃光，且剥食树皮。幼虫取食茶树成叶及嫩叶，1、2龄幼虫大多在茶丛中下部的老叶或成叶背面，取食下表皮及叶肉，被害叶呈黄褐色网膜枯斑；3龄幼虫蚕食叶片后留下叶脉；3龄后则食尽全叶。

（3）发生规律。茶黑毒蛾一般以卵在茶园中越冬。在安徽、浙江西北部、贵州、闽北，年发生4代，杭州1~4代幼虫期为3月下旬至5月上旬、5月下旬至7月上旬、7月中旬至8月下旬、8月下旬至10月中旬。浙江中南部发生4~5代（末代不完全），以第2代虫量最大，其次是第1代。所以，长江中下游茶区以夏茶受害最重，其次是春茶中后期。

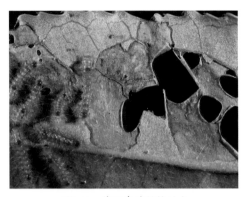

图3.66　茶黑毒蛾低龄幼虫

图3.67　茶黑毒蛾高龄幼虫

图3.68　茶黑毒蛾蛹

（4）防治措施。①清园灭卵。②点灯诱杀：成虫有趋光性，可在发蛾期点灯诱杀。③改变环境：茶树高大的可进行重修剪或台刈，控制茶树高度在80mm以下，减少茶黑毒蛾的产卵场所。④农药防治：茶黑毒蛾的防治指标为第1代每亩虫量超过2900头，第2代每亩虫量超过4500头的茶园均应全面喷药防治。防治适期掌握在3龄前幼虫期。喷雾方式以低容量侧位喷洒为佳。农药可选用2.5%联苯菊酯（天王星，每亩用药20~25ml，其防治适期可提前到卵孵化高峰期施药）、25%灭幼脲（每亩用药50~60ml）、5.3%联苯·甲维盐微乳剂（每亩用药15~20ml）、22%噻虫·高氯氟微囊悬浮—悬浮剂（每亩用药15~20ml）。

3. 茶毛虫

茶毛虫又称茶黄毒蛾、毒毛虫、痒辣子、摆头虫，分布各产茶省，是我国茶区茶树的重要害虫之一。国内主要分布于浙江、安徽、江苏、江西、湖南、四川、陕西、福建、广东、广西、云南、台湾等地区。除为害茶树外，还能危害山茶、油茶、柑橘、梨、乌桕、油桐等植物。

（1）形态特征。

成虫：雌蛾体长8~13mm，翅展26~35mm，琥珀色，前翅除前缘、翅尖和臀角外，布深褐色鳞片，内、外横线黄白色，翅尖黄色区内有2个黑点；后翅散生茶褐色鳞片。腹末具黄色毛丛。雄蛾体长6~10mm，翅展20~28mm，黄褐至深茶褐色。前翅前缘、翅尖及臀角黄褐色，腹末无毛丛。其余特征同雌蛾（见图3.69）。

卵：扁球形，直径约0.8mm，高约0.5mm，黄白色。卵块豆瓣状，椭圆

图3.69　茶毛虫成虫

形，上覆黄褐色厚绒毛（见图3.70）。

幼虫：6~7龄。1龄幼虫体长1.3~1.8mm，淡黄色，着黄白色长毛；2龄幼虫体长2.2~3.9mm，淡黄色，前胸气门上线的毛瘤呈浅褐色；3龄幼虫体长3.6~6.2mm，淡黄色，胸两侧出现褐色纹，腹部第一、二节亚背线上毛瘤变黑绒球状；4龄幼虫体长

图3.70　茶毛虫卵

5.1~8.4mm，黄褐色，腹部第五至第八节亚背线上毛瘤褐色，腹部第八节亚背线上毛瘤变黑绒球状；5龄幼虫体长7.4~11.5mm，黄褐色，气门上方出现白色细线，腹部第五至第七节亚背线上毛瘤黑色；6龄幼虫体长11.0~15.5mm，土黄色，腹部第一至第八节亚背线上毛瘤均黑色；7龄幼虫体长12.0~22.0mm，腹部第一至第八节亚背线上毛瘤呈黑绒球状（见图3.71）。

蛹：短圆锥形，长8~12mm，浅咖啡色疏披茶褐色毛，臀刺长，末端长钩刺1束。蛹茧薄、丝质，长椭圆形，长12~14mm，黄棕色，多附有黄褐色体毛。

（2）为害特征。幼虫取食茶树成、老叶及部分嫩叶。1、2龄幼虫一般群集在成叶叶背，取食下表皮及叶肉，被害叶呈现半透明网膜斑；3龄幼虫常从叶缘开始取食，造成缺刻；4龄幼虫取食后仅留主脉及叶柄；4龄后则蚕食全叶。

图3.71　茶毛虫幼虫

4龄起进入暴食期，可将茶丛叶片食尽，严重影响茶叶产量和品质，严重时茶丛被食光秃（见图3.72）。

此外，幼虫虫体上的毒毛及蜕皮壳，人体皮肤触及后会引起皮肤红肿、奇痒，影响正常的采茶及田间管理工作。

图3.72 茶毛虫蛹与为害状

（3）发生规律。茶毛虫年发生代数因各地气候条件不同差异较大，在浙江北部、江苏、安徽、陕西、四川、贵州年发生2代，云南年发生2~3代，湖北、湖南、江西、浙江南部年发生3代，福建年发生3~4代，台湾年发生5代。除我国南方温暖地区少数以蛹及幼虫越冬外，绝大多数以卵块在茶树中、下部叶背越冬。发生较整齐，世代间无重叠现象。

（4）防治措施。①摘除卵块：摘除越冬卵块。②灯光诱杀：在发蛾期点灯诱蛾，可减轻田间为害。③生物防治：减少田间用药次数，促进田间天敌繁殖。在卵期可以人工释放赤眼蜂或黑卵蜂。在幼虫3龄前喷洒菌剂或茶毛虫核型多角体病毒液。④农药防治：防治适期掌握在3龄前幼虫期，防治指标为百丛卵块5个以上，喷雾方式以侧位低容量喷洒为佳。农药种类有2.5%联苯菊酯（天王星，每亩用药20ml）、10%氯氰菊酯（每亩用药30~40ml）、0.6%苦参碱水剂（每亩用药75~100ml）、2.5%溴氰菊酯（敌杀死，每亩用药20~25ml）、5.3%联苯·甲维盐微乳剂（每亩用药15~20ml）。

4.茶小卷叶蛾

又称小黄卷叶蛾、棉褐带卷叶蛾。国内分布为东至沿海，南至海南，西至四川、贵州、云南，北至秦岭、淮河，山东也有发生，国外分布于日本、印度、斯里兰卡等国。除为害茶树外，还能危害油茶、柑橘、梨、苹果、棉花等。

（1）形态特征。

成虫：体长 6~8mm，翅展 15~22mm，淡黄褐色。前翅近长方形，散生褐色细纹，有 3 条明显的深褐色斜行带纹，分别在翅基、翅中部和翅尖，翅中部带纹呈"h"形。雄蛾翅基褐带宽而明显。后翅灰黄色，外缘稍褐（见图 3.73）。

图3.73　茶小卷叶蛾成虫

卵：扁平，椭圆形，淡黄色。卵块扁平，近似椭圆形，数十粒至百余粒呈鱼鳞状排列，表面覆有透明胶质物。

幼虫：共 5 龄。1 龄幼虫体长 1.4~2.8mm，头黑色，体淡黄色；2 龄幼虫体长 2.5~4.8mm，头淡黄褐色，体淡黄绿色；3 龄幼虫体长 4.3~7.0mm，头淡黄褐色，体黄绿色；4 龄幼虫体长 5.0~13.0mm，头黄褐色，体绿色，背血管明显；5 龄幼虫体长 9.0~19.0mm，头黄褐色，体呈鲜绿或浓绿色，背血管绿色（见图 3.74）。

图3.74　茶小卷叶蛾幼虫

蛹：开始时绿色，后变淡黄色、淡褐色，近孵化时呈褐色。雌蛹体长 9~10mm，雄蛹略小。腹部第二至第七节背面各有 2 列钩刺突，腹末有 8 枚弯曲臀刺（见图 3.75）。

（2）为害特征。茶小卷叶蛾在丘陵茶区为害较重，尤其是丛高幅大、密植郁闭、芽叶繁茂的茶园虫口较多，更新留养的茶园虫口尤多。同一地区的发生程度在不同年份差异较大，不同茶树品种间亦有较大的差异（见图3.76）。

幼虫孵出后向上爬至芽梢或吐丝随风飘至附近枝梢上，潜入芽尖缝隙内或初展嫩叶端部、边缘吐丝卷结匿居，嚼食叶肉，被害叶呈不规则形枯斑。虫口以芽下第一叶居多。3龄后将邻近二叶至数叶结成虫苞，在苞内嚼食，被害叶出现明显的透明枯斑。幼虫在茶园中有明显的发虫为害中心。

图3.75　茶小卷叶蛾蛹

（3）发生规律。茶小卷叶蛾在我国茶区多以3龄以上幼虫在卷叶或残花中越冬，翌年开春后，当气温上升到7~10℃时开始活动为害。年发生代数各地略有差

图3.76　茶小卷叶蛾为害状

异，在贵州年发生4代，湖南、湖北发生5~6代，广东发生6~7代，台湾则发生8~9代，但在长江中下游茶区一般年均发生5代。

（4）防治措施。①及时采摘：茶小卷叶蛾幼虫多栖息在蓬面嫩芽叶上，及时分批采摘有良好的防治效果。②诱杀灭蛾：发蛾期田间点灯诱杀，也可以用性引诱剂诱杀雄蛾。③保护天敌：减少喷药次数和降低农药用量。④生物防治：用白僵菌、颗粒体病毒、赤眼蜂可有效地防治茶小卷叶蛾。⑤农药防治：防治指标为每亩幼虫量10000~15000头。防治适期掌握在1、2龄幼虫期。可采用低容量蓬面扫喷，为害不严重、虫口密度较低的提倡挑治，即只喷发虫中心。农药可选用80%敌敌畏乳油（每亩用药50ml），2.5%溴氰菊酯

（敌杀死，每亩用药 20~25ml）。

5. 茶卷叶蛾

又称褐带长卷叶蛾、后黄卷叶蛾、茶淡黄卷叶蛾。国内主要分布于长江流域以南各产茶区。国外分布于日本、斯里兰卡、印度等国。除为害茶树外，还能为害油茶、柑橘、咖啡等植物。

（1）形态特征。

成虫：体长 8~12mm，翅展 23~30mm，体翅淡黄褐色，色斑多变。前翅略呈长方形，桨状，淡棕色，翅尖深褐色，翅面多深色细横纹。雄蛾前翅色斑较深，前缘中部有一个半椭圆形黑斑，肩角前缘有一明显向上翻折的半椭圆形、深褐色加厚部分。

卵：扁平，椭圆形，淡黄色，长 0.8~0.9mm。卵块鱼鳞状，含卵数十至上百粒，扁平，椭圆，表面覆透明胶质物，长约 10mm（见图 3.77）。

幼虫：大多 6 龄。1~6 龄的平均体长分别为 3mm、5mm、7mm、11mm、16mm、28mm。6 龄幼虫头褐色，体黄绿色至淡灰绿色，前胸背板近半月形，褐色，后缘色较深，两侧下方各有 2 个褐色小点，体表长有白色短毛（见图 3.78）

蛹：黄褐至暗褐色，腹部第二至第八节背面的前、后缘均有 1 列短刺。臀刺黑色，末端有 8 枚小钩刺。

（2）为害特征。幼虫低龄时趋嫩性强，以吐丝卷叶为害茶叶，在芽梢上卷缀嫩叶藏身，咀食叶肉，留下一层表皮，被害叶呈现透

图3.77　茶卷叶蛾鱼鳞状卵块　　　　图3.78　茶卷叶蛾幼虫

明枯斑。虫龄长大后，食量增加，卷叶苞多时达 10 叶，此时成老叶同样蚕食。严重时状如火烧（见图3.79）。

图3.79 茶卷叶蛾为害状

（3）发生规律。茶卷叶蛾以幼虫在卷叶虫苞内越冬。在安徽、浙江年发生4代，湖南年发生 4~5 代，福建、台湾年发生 6 代。其发生规律与茶小卷叶蛾基本相似。

（4）防治措施。参照茶小卷叶蛾。

6. 茶细蛾

又称幕孔蛾、三角卷叶蛾。国内主要分布为东至沿海，南至海南，西至四川、贵州、云南，北至山东、河南。除为害茶树外，还能为害山茶等植物。

（1）形态特征。

成虫：体长 4~6mm，翅展 10~13mm。头、胸部暗褐色，颜面披黄色毛。触角丝状、褐色。前翅狭长、褐色，带紫色光泽，近中央并达前缘处有 1 个三角形金黄色斑纹；后翅暗褐色，缘毛长。腹部背面暗褐色，腹面金黄色。雌蛾末节披暗褐色长毛（见图 3.80）。

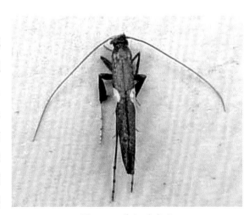

图3.80 茶细蛾成虫

卵：长 0.3~0.5mm，椭圆形，扁平，无色，具水滴状光泽，近孵化时较浑浊。

幼虫：共 5 龄。各龄体长分别为 1.0mm 左右、1.5~2.0mm、

2.5～4.0mm、5.0～6.0mm、8.0～10.0mm。口器褐色。体乳白色，半透明，体表长有白色短毛。低龄时体扁平，头小胸部大，腹部由前向后渐细；长大后体呈圆筒形，能透见深绿色或紫黑色的消化道（见图3.81）。

图3.81　茶细蛾幼虫

蛹：圆筒形，长5～6mm，淡褐色。翅芽伸达腹部第六节前缘，触角和足超出腹部末端。腹面及翅芽淡黄色，复眼红褐色，头顶有1个三角形刺状突起，体两侧各有1列短毛。腹末有8枚小突起。蛹茧灰白色，细长椭圆形，长7.5～9.0mm，宽1.6～2.0mm。

（2）为害特征。幼虫为害芽梢嫩叶，从潜叶、卷边至整叶成三角苞，居中食叶并积留虫粪，严重污染鲜叶。茶细蛾不仅影响茶叶产量，而且对茶叶品质也有严重影响。在卷边期前对茶叶产量影响不显著，混入3%以下的虫苞时，对茶叶品质的影响亦不显著。结苞期不仅影响茶叶产量，而且当混入3%以上的虫苞后，对茶叶品质的影响十分明显（见图3.82）。

（3）发生规律。茶细蛾在我国长江中下游茶区年发生7代，以蛹在茶树中、下部叶背结茧越冬。幼虫发生期在杭州1～7代分别在4月上旬至5月上旬、5月下旬至6月中旬、6月下旬至7月上旬、7月中旬至

图3.82　茶细蛾为害状

8月上旬、8月中旬至9月上旬、9月中旬至10月中旬、10月上旬至11月上旬。按茶季来分，春茶约1代、夏茶2代、秋茶4代。

（4）防治措施。①分批采摘：茶细蛾卵、幼虫均在茶叶的收获部分，实行分批勤采，可有效减轻为害。②适时修剪：修剪时期最好是在越冬代幼虫化蛹前，这时茶细蛾幼虫大多在茶树蓬面上，防治效果较佳。③农药防治：根据茶细蛾对茶叶品质的影响，若百芽梢有虫7头以上，则应列为施药对象园。防治适期应掌握在潜叶、卷边期。施药方式以低容量蓬面扫喷为宜。农药可选用80％敌敌畏乳油（每亩用药50ml）、40％辛硫磷（每亩用药25~45ml）、2.5％溴氰菊酯（敌杀死，每亩用药15~20g）。

7.茶刺蛾

茶刺蛾又称茶奕刺蛾、茶角刺蛾，是我国茶树刺蛾类的一种重要害虫。国内主要分布于浙江、安徽、江西、福建、湖南、湖北、贵州、广东、海南、广西、四川、云南、台湾等地区。除为害茶树外，还能为害油茶、咖啡、柑橘、桂花、玉兰等植物。

（1）形态特征。

成虫：体长12~16mm，翅展24~30mm。体和前翅浅灰红褐色，翅面具雾状黑点，有3条暗褐色斜线；后翅灰褐色，近三角形，缘毛较长（见图3.83）。

图3.83 茶刺蛾成虫

卵：椭圆形，扁平，长约 1mm，淡黄白色，半透明。

幼虫：共 6 龄。成长时体长 30~35mm，长椭圆形，背部隆起，黄绿至绿色；各体节有 2 对枝状丛刺，分别着生于亚背线上方和气门上线上方。体前背中有一绿色或红紫色肉质角状突起，明显斜向前方。体背中部有一红褐或淡紫色菱形斑。背线蓝绿色，气门线上有一列红点（见图 3.84）。

蛹：椭圆形，长约 15mm，淡黄色，翅芽伸达腹部第四节，腹部气门棕褐色。蛹茧卵圆形，褐色。

图3.84　茶刺蛾幼虫

（2）为害特征。卵孵化后，初孵幼虫活动性弱，一般停留在卵壳附近取食。1、2 龄幼虫大多在茶丛中下部老叶背面取食；3 龄后逐渐向茶丛中、上部转移，夜间及清晨常爬至叶面活动。幼虫喜食成叶、老叶，但当成叶、老叶被食尽后，则爬至蓬面取食嫩叶，当一丛茶树被蚕食尽后，逐渐向四周茶丛扩散。1、2 龄幼虫只取食下表皮及叶肉，残留上表皮，被害叶呈现半透明的枯斑；3 龄幼虫会食成不规则的孔洞；4 龄起可食全叶，但一般食去叶片的 2/3 后，即转另叶取食，大面积发生时则仅留叶柄，导致茶树一片光秃，影响茶树的安全过冬及翌年的产量和品质（见图 3.85）。

图3.85　茶刺蛾为害状

此外，茶刺蛾幼虫体上有毒刺，人体皮肤触及后引起红肿、疼痛，妨碍正常的采茶及田间管理工作。

（3）发生规律。茶刺蛾在浙江、湖南、江西等省年发生3代，在广西年发生4代，以老熟幼虫在茶树根际落叶和表土中结茧越冬。越冬幼虫在浙江、湖南、江西于4月化蛹，5月羽化；在广西桂林2月下旬开始化蛹，3月中旬开始羽化。一般以第2、3代为害较重。茶树受害轻重，一般取决于上一代的蛾量。蛾量大，次代为害重，反之则轻。

（4）防治措施。①清园灭茧：在茶树越冬期，结合施肥和翻耕，将枯枝落叶及表土清至行间，深埋入土。②利用天敌：平时应注意合理使用农药，保护天敌。收集由病毒引起的虫尸，研碎后加水喷洒，可起到良好的防治效果。③农药防治：防治适期应掌握在2、3龄幼虫期。施药方式以低容量侧位喷雾为佳，药液应主要喷在茶树中下部叶背。农药可选用80％敌敌畏乳油（每亩用药50ml）、10％氯氰菊酯（每亩用药20～25ml）、2.5％溴氰菊酯（敌杀死，每亩用药15～20ml）、2.5％联苯菊酯（天王星，每亩用药20ml）。

8. 扁刺蛾

扁刺蛾又称痒辣子，是茶树上的一种重要刺蛾类害虫。国内主要分布于江苏、浙江、安徽等地区。除为害茶树外，还能为害油茶、梨、柑橘、枇杷、桃、李、核桃、苹果、枫杨、乌桕等30科40多种植物。

（1）形态特征。

成虫：体长10～18mm，翅展26～35mm。体翅灰褐色，前翅前缘近2/3处斜向内缘有一暗褐色横带线纹，斜线纹内方色较浅，后翅暗灰色（见图3.86）。

卵：长椭圆形，长约1.1mm，扁平，淡黄绿色，近孵化时变褐色。

幼虫：共6龄。1龄幼虫体淡红色，扁平；2龄幼虫体绿色，较

图3.86　扁刺蛾成虫

细，背线灰白色；3龄幼虫有较明显的灰白色背线；4龄幼虫背线白色，较宽；5龄幼虫在背线中部两侧出现1对红点；6龄幼虫虫体两侧出现1列细小红点。成长后幼虫体长21~26mm，淡鲜绿色，椭圆而较扁平，背隆起，背中央有1条白色纵线，两侧各有1列橘红色至橘黄色小点，近中间1个比较明显。每一体节具4个绿色枝状丛刺，体侧边缘1对大而明显，亚背线处1对较短（见图3.87）。

图3.87　扁刺蛾幼虫

蛹：椭圆形，长10~14mm，初化蛹时为乳白色，羽化前变黄褐色。蛹茧卵形，长14~15mm，硬脆，淡黑褐色（见图3.88）。

（2）为害特征。幼虫移动性差，初孵幼虫一般在着卵叶叶背取食，取食下表皮及叶肉，

图3.88　扁刺蛾蛹茧

被害叶呈现不规则形半透明的枯斑；3龄后常在夜晚和清晨爬至叶面活动，一般自叶尖蚕食，形成较平直的吃口，常食至2/3叶后便转叶为害，同一枝条或同一茶丛则自下向上取食为害，待茶树叶片食尽后再向临近茶枝或茶丛缓慢转移。

此外，幼虫虫体上长有毒刺，人体皮肤触及后引起红肿、疼痛，妨碍正常的采茶及田间管理工作。

（3）发生规律。扁刺蛾在长江中下游茶区一年发生2代，在江西、广东偏南茶区少数可发生3代，均以老熟幼虫在茶树根际表土内

越冬。4月中下旬越冬幼虫开始化蛹，5月中下旬开始羽化，第1代幼虫在6~7月为害茶叶，第2代卵于8月上中旬开始孵化。以第2代为害较重，在同一块茶园中以园道附近的茶树受害较重。

（4）防治措施。①清园灭茧：结合冬耕施肥，将枯枝落叶及表土清至行间，深埋入土，使蛹羽化时成虫不能出土而死亡。②生物防治：收集由病毒致死的虫尸，研碎后加水喷洒，可获得理想的防治效果。③农药防治：参照茶刺蛾。

9. 茶叶夜蛾

又称灰夜蛾、灰地老虎，是20世纪80年代以来我国部分茶区为害较为严重的一种茶树害虫。目前已知分布于浙江、安徽、上海、江苏等地区。

（1）形态特征。

成虫：体长20~22mm，翅展45~47mm，体灰褐色。前翅灰黄至褐色，沿中线至基角色较深，具隐晦的外横线、内横线和外缘线，在外缘线处有7个黑点，中室附近有"一"字形的白线纹。后翅灰褐，肩角前缘黄白色。触角丝状。

卵：扁球形（底平），直径0.8~1.0mm，初产时乳白色，后渐变淡黄色、棕黄色，近孵化时呈深褐色。表面有鱼篓状棱纹，纵棱约24条，横棱短而密，顶部光滑无冠纹。

幼虫：共6~7龄，4龄前虫体绿色，4龄后虫体逐渐粗壮，体色由绿色渐变为灰绿色、紫黑色。老熟时体长25~31mm，前胸背板暗绿色，有2列黑点，前列6点，后列4点，背线红褐色，体节上长有短细毛。

蛹：长18~20mm，红褐色，腹部第四节至第七节前缘有凹刻点，气门黑褐色，腹末具刺2枚。

（2）为害特征。幼虫嚼食茶树叶片，特别是早春幼龄时嚼食幼芽和芽梢，致幼芽萌发停止、枯竭，新梢切断坠地，直接威胁头茶优质茶产量（见图3.89）。

（3）发生规律。茶叶夜蛾在浙江、安徽年发生1代。卵在1、2

图3.89　茶叶夜蛾幼虫及为害状

月孵化，以2月孵化最盛；幼虫在5月上中旬化蛹；10月中旬至11月底蛹羽化。

（4）防治措施。①点灯诱杀。②清园灭卵：在11月下旬至12月间，清理茶丛下的落叶，深埋入土或清出园外处理，消灭产在落叶上的卵。③农药防治：由于茶叶夜蛾为害的是春茶品质最佳的茶叶，对每亩幼虫量在1000头以上的茶园均应喷药防治。防治时间应在开春后、春茶芽叶萌发前期。施药方式以低容量侧位喷洒为宜，将药液重点喷在茶树中、下部叶背。若虫龄已长至4龄以上，此时喷药时间应改为晚间，喷洒方式改为蓬面扫喷。农药可选用80％敌敌畏乳油（每亩用药50～70ml）、40％辛硫磷（每亩用药25～45ml），菊酯类农药也有较好的防治效果。

10.斜纹夜蛾

在国内各地都有发生，主要发生在长江流域的江西、江苏、湖南、湖北、浙江、安徽、山东等地区。除为害茶树外，还为害白菜、甘蓝、芥菜、马铃薯、茄子、番茄、辣椒、南瓜、丝瓜等多种作物。

（1）形态特征。

成虫：体长14～20mm，翅展35～46mm，体暗褐色，胸部背面有白色丛毛，前翅灰褐色，花纹多，内横线和外横线白色、呈波浪状、中间有明显的白色斜阔带纹，所以称斜纹夜蛾。

卵：扁平的半球状，直径约0.5mm，初产黄白色，后变为暗灰色，块状黏合在一起，上覆黄褐色绒毛。

幼虫：体长33~50mm，头部黑褐色，胸部多变，从土黄色到黑绿色都有，体表散生小白点，冬节有近似三角形的半月黑斑1对。蛹：长15~20mm，圆筒形，红褐色，尾部有1对短刺（见图3.90、图3.91、图3.92）。

（2）为害特征。是一种暴食性害虫，主要以幼虫嚼食芽叶，3龄后分散为害叶片，高龄时形成暴食，是一种为害性很大的害虫，暴发时局部茶丛被食光秃（见图3.93）。

（3）发生规律。在山东和浙江年发生4~5代。以蛹在土下3~5cm处越冬。每只雌蛾能产卵3~5块，每块约有卵位100~200个，卵多产在叶背的叶脉分叉处，经5~6天就能孵出幼虫，幼虫在气温25℃时，历经14~20天，化蛹的适合土壤湿度是土壤含水量在20%左右，蛹期为11~18天。

（4）防治措施。①诱杀成虫：灯光诱杀成虫。②农药防治：3龄前为点片发生阶段，

图3.90　斜纹夜蛾成虫

图3.91　斜纹夜蛾幼虫

图3.92　斜纹夜蛾蛹

可结合田间管理，进行挑治，不必全田喷药；4龄后夜出活动。因此施药应在傍晚前后进行，药剂可选用 2.5% 联苯菊酯（天王星，每亩用药 25ml）、5.3% 联苯·甲维盐微乳剂（每亩用药 15~20ml）。

11.茶丽纹象甲

又名黑绿象虫、小绿象鼻虫、长角青象虫、花鸡娘。国内主要分布于长江流域以南。除为害茶树外，还能为害油茶、山茶、柑橘、苹果、梨、桃等植物。

（1）形态特征。

成虫：体长 6~7mm，灰黑色，体背具有黄绿色、闪金光的鳞片集成的斑点和条纹，腹面散生黄绿或绿色鳞片。触角膝状，柄节较直而细长，端部 3 节膨大。复眼近于头的背面，略突出。前胸背板宽大于长，两侧略圆。鞘翅上也具黄绿色纵带，近中央处有较宽的黑色横纹（见图 3.94）。

卵：椭圆形，0.5~0.6mm，初为黄白色，后渐变暗灰色。

幼虫：头圆，淡黄。乳白色至黄白色，成长时体长 5.0~6.2mm，体多横皱，无足（见图 3.95）。

蛹：裸蛹，长椭圆形，长 5.0~6.2mm，羽化前灰褐色，头顶及

图3.93　斜纹夜蛾为害状

图3.94　茶丽纹象甲成虫

图3.95　茶丽纹象甲幼虫

各体节背面有刺突 6~8 枚，胸部的刺突较为明显。土茧椭圆，长 6~7mm。

（2）为害特征。成虫嚼食嫩叶，被害叶呈现不规则形的缺刻，为害大时严重影响茶叶产量和品质（见图 3.96）。

（3）发生规律。茶丽纹象甲在我国茶区年发生 1 代，以幼虫在茶园土壤中越冬。在福建，越

图3.96　茶丽纹象甲为害状

冬幼虫在 3—4 月陆续化蛹，4 月中旬起成虫相继出土，5 月份是成虫为害高峰。

（4）防治措施。①茶园耕锄：在 7—8 月或秋末结合施基肥进行清园及行间深翻。②人工捕杀：利用成虫的假死性，在成虫发生高峰期用振落法捕杀成虫。③农药防治：投产茶园每亩虫量在 1 万头以上的均应施药防治。施药适期掌握在成虫出土盛末期。施药方式采用低容量蓬面扫喷为宜。药剂可选用 2.5% 联苯菊酯（天王星，每亩用药 60ml）、98% 巴丹（每亩用药 50~60g）、240g/L 虫螨腈悬浮剂（每亩用 40~50ml）。

12. 假眼小绿叶蝉

我国茶区茶树叶蝉类的优势种，是我国茶区分布最广的一种重要茶树害虫。分布遍及全国所有茶区。除为害茶树外，还能为害豆类、蔬菜等植物。

（1）形态特征。

成虫：淡绿至黄绿色，从头顶至翅端长 3.1~3.8mm，头冠中域大多有 2 个绿色斑点，头前缘有 1 对绿色圈（假单眼），复眼灰褐色。中胸小盾片上有白色条带。前翅淡黄绿色，前缘基部绿色，翅端微烟褐色。足和体同色，但各足胫节端部及跗节绿色（见图 3.97）。

卵：新月形，长 0.8mm，初产时乳白色，后渐变淡绿色，孵化

前前端可透见1对红色眼点。

若虫：共5龄。1龄若虫体长0.8~0.9mm，体乳白色，复眼突出明显，头大体纤细；2龄若虫体长0.9~1.1mm，体淡黄色，体节分明；3龄若虫体长1.2~1.8mm，体淡绿色，腹部明显增大，翅芽开始显露；4龄若虫体长1.9~2.0mm，体淡绿色，翅芽明显可见；5龄若虫体长2.0~2.2mm，体草绿色，翅芽伸达腹部第五节，腹部第四节膨大（见图3.98）。

图3.97　假眼小绿叶蝉成虫

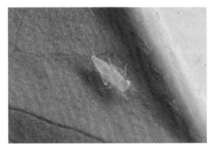

图3.98　假眼小绿叶蝉若虫

（2）为害特征。假眼小绿叶蝉以成虫和若虫吸取茶树汁液，影响茶树营养物质的正常输送，导致茶树芽叶失水、生长迟缓、焦边、焦叶，严重影响茶叶产量和品质。茶树受害后，其发展过程分为失水期、红脉期、焦边期、枯焦期（见图3.99、图3.100）。

失水期：指茶树芽叶在雨天或有晨露时，看起来生长正常，但在阳光照射下随茶树的蒸腾作用，芽叶呈凋萎状。

图3.99　假眼小绿叶蝉为害状（一）

红脉期：茶树受到较重为害，输导组织受到破坏，养分和水分输送受阻，嫩叶背的叶脉表现明显的红变，叶片失去光泽。

焦边期：在红脉期的基础上，继续遭受为害，芽叶严重失水，

图3.100 假眼小绿叶蝉为害状（二）

嫩叶即从叶尖或叶边缘开始焦枯，叶片基本停止生长、变形。

枯焦期：在焦边期的基础上继续发展而成，叶片完全得不到维持基本生命所必需的营养物质和水分，芽叶完全停止生长，芽及已展叶呈红褐色至褐色焦枯，茶树丧失了生产能力，严重时成片茶园似火烧状。

假眼小绿叶蝉在我国长江中下游茶区，一般年份可使夏、秋茶损失10％～15％，重害年损失可高达50％以上。此外，受假眼小绿叶蝉为害后的芽叶，在加工过程中碎、末茶增加，成品率降低，易断碎，易产生烟焦味，对茶叶品质亦有严重的影响。

（3）发生规律。假眼小绿叶蝉年发生代数以地区而异，在长江流域茶区年发生9～11代，福建年发生11～12代，广东年发生12～13代，海南年发生13代以上。一年中的消长因地理条件及环境气候条件的不同而有较大的差异，基本上有双峰型、迟单峰型及早单峰型三种类型。

（4）防治措施。①保护天敌：尽量减少茶园施农药次数和用量，避免对假眼小绿叶蝉天敌杀伤。②勤采茶叶：实行分批勤采，可随芽叶带走大量的假眼小绿叶蝉的卵和低龄若虫。③农药防治：第一峰峰前百叶虫量超过6头（或每亩虫量超过1万头）、第二峰峰前百叶虫量超过12头（或每亩虫量超过1.8万头）的茶园均应全面施药防治。防治适期应掌握在入峰后（高峰前期），且田间若虫占总虫量80%以上，施药方式以低容量蓬面扫喷为宜。农药可选用20%呋虫胺可溶粒剂（每亩用药30~40g）、10%吡虫啉（每亩用药15~20g）、2.5%联苯菊酯（天王星，每亩用药20ml）、150g/L虫螨腈乳油（每亩用药15~20ml）、0.6%苦参·藜芦碱水剂（每亩用药60~75ml）。

13. 黑刺粉虱

又称橘刺粉虱，是我国茶区发生范围较广的一种茶树主要害虫。长江下游至华南为害严重，局部成灾。除为害茶树外，还是柑橘的主要害虫，并能为害油茶、山茶、梨、柿、白杨、樟、榆、柞等多种林木。

（1）形态特征。

成虫：雄成虫平均体长1.01mm，翅展2.23mm，雌成虫平均体长1.18mm，翅展3.11mm。体橙黄色至橙红色，体背有黑斑，前翅紫褐色，周围有7个不正形白斑，后翅淡褐色，无斑纹。静止时呈屋脊状（见图3.101）。

卵：长椭圆形，略弯曲，似香蕉状，有一短柄，初产时乳白色，后渐变橙黄色至棕黄色，近孵化时紫褐色。

图3.101　黑刺粉虱成虫

若虫：扁平，椭圆形，共3龄。初孵幼虫体长约0.25mm，淡黄色，后变黑色，体背有刺状物6对，背部有2条弯曲的白纵线；2龄幼虫体黑色，背渐隆起，背部有刺状物8对，体背附1龄幼虫蜕皮壳，平均体长约0.50mm；3龄幼虫体黑色，四周敷白色粉状蜡，背隆起，有刺状物29（雄）～30（雌）对，刺状物披针状，不竖立，体背附1、2龄幼虫蜕皮壳，平均体长约0.70mm。

伪蛹：蛹壳宽椭圆形，长1.00～1.20mm，宽0.70～0.75mm，背面隆起，漆黑色而有光泽，四周敷白色水珠状蜡，背部刺状物数量同3龄幼虫，但刺状物竖立（见图3.102）。

图3.102 黑刺粉虱蛹

（2）为害特征。黑刺粉虱以幼虫吸取茶树汁液，并排泄蜜露，招致煤菌寄生，诱发煤病，严重时茶树一片漆黑。受害茶树光合效率降低，发芽密度下降，育芽能力差，发芽迟，芽叶瘦弱，茶树落叶严重，不仅影响茶叶产量和品质，而且严重影响茶树树势（见图3.103）。

（3）发生规律。黑刺粉虱在我国茶区年发生4代，均以幼虫在茶树中、下部叶背越冬。

图3.103 黑刺粉虱诱发的煤病

在浙江杭州，1～4代卵孵化高峰期分别在5月中旬、6月下旬、9月中旬和10月中旬。

（4）防治措施。①保护天敌：减少茶园施药次数和用量，保护和促进天敌的繁殖。②生物防治：韦伯虫座孢菌对黑刺粉虱幼虫有很强的致病性，防治适期掌握在1、2龄幼虫期。③农药防治：防治适期原则上应掌握在卵孵化盛末期，对于虫口密度过大，也可考虑在成虫盛期作为辅助施药时期。防治成虫以低容量、蓬面扫喷为宜。幼虫期提倡侧位喷洒，药液重点喷至茶树中、下部叶背。防治幼虫时，药剂可选用10%吡虫啉（每亩用药20～30g）、2.5%溴氰菊酯（敌杀死，每亩用药20～25ml）。成虫期防治可选用80%敌敌畏乳油（每亩用药50～60ml）。

14. 长白蚧

又称长白介壳虫、梨长白介壳虫、梨白片盾蚧、茶虱子等。国内分布普遍。除为害茶树外，还是为害梨、苹果、杏、柿、柑橘类植物的重要害虫（见图3.104）。

（1）形态特征。

介壳：雌虫介壳长茄形，长1.68～1.80mm，暗棕色，

图3.104　长白蚧

其上常覆灰白色蜡质。壳点1个，突出在前端。介壳直或略弯，雄虫介壳略小，直而较狭，白色，壳点突出于前端。

成虫：雌成虫纺锤形，淡黄色，体长0.60～1.40mm，腹部分节明显，臀叶2对，第1对较大，略呈三角形。雄成虫体长0.48～0.66mm，翅展1.28～1.60mm，体细长，淡紫色。触角丝状，10节，每节上簇生感觉毛。具白色、半透明前翅1对，后翅退化，胸足3对，腹末有一细长的交配器。

卵：一般呈椭圆形，亦有不规则形，0.20～0.27mm，淡紫色，

孵化后的卵壳为白色。

若虫：共2（雄）~3（雌）龄。1龄若虫椭圆形，淡紫色，体长0.20~0.39mm，腹末有2根尾毛，触角、足发达，固定后缩于体下，体背覆有白色蜡质；2龄若虫有淡紫、淡黄或橙黄色，体长0.36~0.92mm，触角和足消失，披白色蜡，介壳前端附1个浅褐色的1龄若虫蜕皮壳；3龄（雌）若虫淡黄色，梨形，腹部后端3~4节向前拱起，介壳比2龄宽大，颜色较深，蜡质物呈灰白色。

前蛹（雄）：长椭圆形，淡紫色，触角、翅芽、足均开始显露，腹末有2根尾毛。

蛹（雄）：细长，长0.66~0.85mm，淡紫至紫色，触角、翅芽、足明显，腹末有一针状交配器。

（2）为害特征。长白蚧以若虫及雌成虫固定在茶树枝叶上，吸取茶树汁液，造成茶树发芽稀少、芽叶瘦小、叶张薄、对夹叶增加，连续为害2~3年便可使采摘枝枯死，继而可使茶树主枝枯死，是茶树的一种毁灭性害虫（见图3.105）。

图3.105　长白蚧为害状

（3）发生规律。长白蚧在浙江、湖南等长江中下游茶区年发生3代。在浙江3月下旬成虫初见，第1代卵在5月上旬开始孵化，5月下旬为孵化高峰期，成虫6月下旬初见；第2代卵在7月上旬开始孵化，7月中下旬为孵化高峰期，成虫在8月上旬初见；第3代卵在8月下旬开始孵化，9月上中旬为孵化高峰期。

（4）防治措施。①苗木检验：不从外地引入带长白蚧的苗木。②加强管理：注意肥料的配合使用，尤其应注重磷肥的使用，以增强茶树抗逆力。注意茶园排水，尤其对低洼地，应修建排除渍水系统。③修剪台刈。④保护天敌。⑤农药防治：在卵孵化盛末期采集田间嫩成叶，百叶若虫量在150头以上的茶园应全面喷药防治。防治适期掌握在田间卵孵化盛末期。施药方式以低容量喷雾为宜，但应喷至长白蚧栖息部位。药剂可选用45%马拉硫磷（每亩用药125ml）。利用农药防治长白蚧，应重点抓第1代，第2代、第3代只能做补救防治。

15. 垫囊绿绵蜡蚧

属高山低温型害虫，在高山地区发生较多。除为害茶树外还为害多种果树、林木。

（1）形态特征。

成虫：雌成虫前期椭圆，长3.5~4.0mm，宽2.5~3.0mm，蜡黄色，前端稍狭，后端略宽圆，体末凹缩；背扁平，中央略凸，周边较薄稍翘；体背后方有一近方形肉白色斑，并渐增大近达体长1/2；背线肉白色，稍隆起；腹面蜡黄，从触角至肛门附近为大块肉色白色；触角与足细小淡黄，口针短；产卵前期体稍短，近圆形，直径约3.8mm，淡黄，方形白斑边缘渐不明显，整个背凸部分浅肉白色；体末附有白色蜡质疏松的卵囊，卵囊高6.0~9.0mm，有多条纵沟。雄成虫体长1.6~1.7mm，翅展3.4~4.0mm，浅棕红色，复眼酱黑，两侧各有一黑点；翅灰白；腹末有一较长的刺状交尾器和1对白色蜡丝（见图3.106）。

图3.106　垫囊绿绵蜡蚧成虫

卵：椭圆形，长约 0.03mm，宽约 0.02mm，乳白色，近孵化时淡黄至淡红色。

若虫：初孵时椭圆形，肉黄色，长约 0.04mm，宽约 0.03mm；体扁平，臀部稍内陷；复眼暗红；体缘薄，中央有一胡萝卜形乳白斑，后缘有横条纹。成长后长约 2.0mm，宽 1.4mm，扁平，中央略凸；淡黄色，背前半渐现出三角形红斑，两侧各有 2 条橙黄色横带伸向边缘，后半亦有 1 近方形红斑（见图 3.107）。

（2）为害特征。在茶树叶背吸汁，为害严重时会诱发煤病，导致树势衰退枯竭（见图 3.108）。

（3）发生规律。该虫年发生 1 代，以若虫在茶树下部叶背越冬。翌年 3 月下旬迅速长大，4 月初始蛹，雄成虫于 4 月下旬始见，5 月上中旬盛发。雌若虫 4 月下旬开始变为成虫，5 月中旬起陆续向中上部新梢叶背转移；6 月上中旬开始泌蜡形成卵囊产卵；7 月上旬开始孵出新一代若虫，7 月中旬盛孵，7 月下旬孵化完毕。

（4）防治措施。参考长白蚧。

16.绿盲蝽

国内分布于江苏、浙江、安徽、江西、福建、湖

图3.107　垫囊绿绵蜡蚧若虫

图3.108　垫囊绿绵蜡蚧为害状

南、湖北、贵州、河南、山东等地区。除为害茶树外，还为害蚕豆、豌豆、苕子、棉花、蒿类等植物。

（1）形态特征。

成虫：体长5.00~5.50mm，近卵圆形，扁平，绿色。复眼黑色至紫黑色。触角4节，淡褐色，以第二节最长，略短于第三、四节长度之和。前胸背板、小盾片及前翅半革质部分均为绿色，前胸背板多刻点，前翅膜质部暗灰色，半透明。腿节端部具2小刺，跗节及爪黑色（见图3.109）。

卵：长而略弯，似香

图3.109　绿盲蝽成虫

蕉状，长约1.01mm，宽约长约0.26mm，微绿色，具白色卵盖。

若虫：共5龄。1龄若虫体长0.80~1.00mm，淡黄绿色，复眼红色；2龄若虫体长约1.20mm，黄绿色，复眼紫灰色，中、后胸后缘平直；3龄若虫体长约1.90mm，绿色，复眼灰暗，翅芽开始显露；4龄若虫体长约2.40mm，绿色，复眼灰色，小盾片明显，翅芽伸达第一腹节后缘；5龄若虫体长约3.10mm，绿色，复眼灰淡，翅芽伸达第四腹节后缘。1~3龄若虫腹部第三节背中有一橙红色斑点，后沿有"一"字形黑色腺口；4龄后色斑渐褪，黑色腺口明显。

（2）为害特征。绿盲蝽趋嫩为害。晴天白天多隐匿于茶丛内，早晨、夜晚和阴雨天爬至芽叶上活动为害，频繁刺吸芽内的汁液，1头若虫一生可刺1000多次。被害幼芽呈现许多红点，而后变褐，成为黑褐色枯死斑点。芽叶伸展后，叶面呈现不规则的孔洞，叶缘残缺破烂。受害芽叶生长缓慢，持嫩性差，叶质粗老，芽常呈钩状弯曲，产量锐减，品质明显下降（见图3.110、图3.111）。

（3）发生规律。绿盲蝽在长江流域年发生5代，华南年发生7~8代，以卵在冬作豆类、苕子、苜蓿、木槿、蒿类等植物茎梢内越冬，在茶树上则卵多产于枯腐的"鸡爪枝"内或冬芽鳞片缝隙处越冬。越冬卵于4月上旬，当气温回升到11~15℃时开始孵化。在安徽黄山，各代若虫发生期分别在4月上中旬、5月下旬至6月上旬、6月下旬至7月上旬、8月上旬和9月上旬。为害茶树的均为第一代若虫，即春茶前期，5月中旬蜕变为成虫后即陆续飞出茶园，10月上旬第五代成虫又部分迁入茶园中产卵越冬。

图3.110　绿盲蝽为害状

图3.111　绿盲蝽为害状（后期）

（4）防治措施。

①清洁茶园：结合茶园管理，春前清除杂草。茶树轻修剪后，应清理剪下的枝梢。②农药防治：防治适期应掌握在越冬卵孵化高峰期。喷药方式以低容量蓬面扫喷为宜。药剂可选用80%敌敌畏乳油（每亩用药50~70ml）、50%辛硫磷（每亩用药30~50ml）、2.5%溴氰菊酯（敌杀死，每亩用药20ml）。

17. 茶蚜

又称茶二叉蚜、可可蚜，俗称蜜虫、腻虫、油虫。国内分布于江苏、浙江、安徽、江西、福建、台湾、湖北、湖南、广东、海南、广西、四川、贵州、云南、山东等地区。除为害茶树外，还为害油茶、咖啡、可可、无花果等植物（见图 3.112 ）。

（1）形态特征。

有翅成蚜：体长约 2.0mm，黑褐色，有光泽；触角第三至第五节依次渐短，第三节上一般有 5~6 个感觉圈排成一列；前翅中脉二分叉；腹部背侧有 4 对黑斑，腹管短于触角第四节，而长于尾片，基部有网纹。有翅若蚜棕褐色，触角第三至第五节几乎等长，感觉圈不明显，翅芽乳白色。

图3.112　茶蚜

无翅成蚜：近卵圆形，稍肥大，棕褐色，体表多细密淡黄色横列网纹；触角黑色，第三节上无感觉圈，第三至第五节依次渐短。无翅若蚜浅棕色或淡黄色。

卵：长椭圆形，长约 0.6mm，一端稍细，漆黑色而有光泽。

（2）为害特征。茶蚜聚集在新梢嫩叶背及嫩茎上刺吸汁液，受害芽叶萎缩，伸展停滞，甚至枯竭，其排泄的蜜露，可招致煤菌寄生，被害芽叶制成干茶色暗汤混浊，带腥味，对茶叶产量和品质均有严重的影响（见图 3.113 ）。

（3）发生规律。茶蚜在安徽一带茶区年发生 25 代以上，以卵在茶树叶背越冬，在华南则多以无翅蚜越冬，甚至没有明显的越冬现象。以卵越冬的，在 2 月下旬当日平均气温持续在 4℃时，越冬卵开始孵化，3 月上中旬可达到孵化高峰，经连续孤雌生殖，到 4 月下旬至 5 月上中旬出现为害高峰，此后随气温升高而虫口骤落，直至 9 月下旬—10 月中旬，虫口又复回升，出现第二次为害高峰，并随气温下降，出现两性蚜，交配产卵越冬。产卵高峰期一般在11月上中旬。在长江中下游茶区，一年中有两次茶蚜为害高峰，即春茶和秋茶。春茶的受害程度往往重于秋茶。

（4）防治措施。①分批采摘：茶蚜集中分布在一芽二叶和一芽三叶上，及时分批采摘是防治此虫十分有效的农艺措施。②农药防治：为害较重的茶园应采用农药防治。施药方式以低容量蓬面扫喷为宜。药剂可选用10％吡虫啉（每亩用药10~15g）、80％敌敌畏乳

图3.113　茶蚜为害状

油（每亩用药50~60ml）、40％辛硫磷（每亩用药25~45ml）。

18.茶橙瘿螨

又称茶刺叶瘿螨，属蜱螨目，瘿螨科。国内分布于山东、江苏、安徽、浙江、江西、福建、台湾、湖南、广东、海南、广西等地区。除为害茶树外，还为害油茶、檀树、漆树等林木，也为害春蓼、一年蓬、苦菜、宿星菜、亚竹草等杂草。

（1）形态特征。

成螨：长圆锥形，体长0.14~0.19mm，宽约0.06mm，黄色至橙红色。前体段较宽，后体段渐细，似胡萝卜状。足2对，伸向前方，其末端有羽状爪。后体段有细密的环纹，背面约30个，腹面60~65个，末端有1对尾毛。

卵：球形，直径约 0.04mm，无色，半透明，有水珠状光泽，近孵化时色混浊。

幼螨：无色至淡黄色，体长约 0.08mm，宽约 0.03mm，体形似成螨，但后体环纹不明显。

若螨：淡橘黄色，体长约 0.10mm，宽约 0.04mm，但后体段环纹仍然不明显（见图 3.114）。

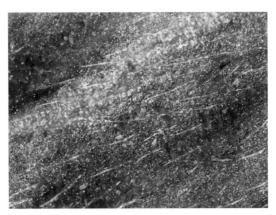

图3.114　茶橙瘿螨成螨和若螨

（2）为害特征。茶橙瘿螨以成螨和幼、若螨刺吸茶树汁液，螨量少时，被害叶表现不明显；螨量较多时，被害叶呈现黄绿色，叶片主脉发红，叶片失去光泽；严重被害时叶背出现褐色锈斑，芽叶萎缩、干枯，状似火烧，造成大量落叶，对茶叶产量、品质和树势均有严重影响（见图 3.115）。

（3）发生规律。茶橙瘿螨发生在茶叶生育季节，卵期一般在 2.1~7.3 天，幼、若螨期在 2.0~6.4 天，产卵前期为 1~2 天，在浙江年约发生 25 代，台湾则年发生 30 代。各虫态均可越冬，越冬场所大多在成、老叶背面。茶橙瘿螨大量行孤雌生殖，卵散产于嫩叶背面，尤以侧脉凹陷处居多。茶橙瘿螨在茶树上的分布以茶丛上部为多，其次为中下部，且以背面居多，在一芽二叶的芽叶上以芽下第二叶最多，其次是鱼叶，再次是芽下第一叶，芽上最少。

（4）防治措施。①分批采摘：茶橙瘿螨绝大部分分布在一芽二叶或一芽三叶上，及时分批采摘可带走大量的成螨、卵、幼螨和若螨。②农药防治：中小叶种茶树平均每叶有茶橙瘿螨17~22头的茶园均应全面喷药防治。施药方式以低容量蓬面扫喷为宜。在茶树生长期，药剂可选用99%矿物油每亩用药300ml、0.5%藜芦胺可溶液剂（每亩用药50~750ml）；在茶季结束后的秋末，可喷洒波美0.5度的石硫合剂或者用45%晶体石硫合剂（每亩用药200g）。

19.棘皮茶蓟马

又称茶蓟马。已知分布于广东、海南、广西、贵州、浙江等地区。除为害茶树外，还能为害山茶。

（1）形态特征。

成虫：雌成虫体长0.8~1.1mm，体宽约为体长的1/4~1/3。体色近黑褐色，复眼黑褐色，单眼3个，呈三角形排列，内缘具深色月晕，触角8节。前胸与头等长，黑

图3.115　茶橙瘿螨为害状

褐色。翅窄微弯，后缘平直，前翅淡黑色，翅脉1条，翅中央靠基部一段有一白色透明带，前缘缘毛短而稀（约30根）。腹部10节，两侧色较深，呈黑褐色，合翅时能见背中有一黄白点（见图3.116）。

图3.116　棘皮茶蓟马成虫

卵：长椭圆形，乳白色，半透明。

若虫：共4龄。1龄若虫乳白色，半透明，初期复眼鲜红色，头扁而细长；2龄若虫体扁而肥，体色由浅黄向橙红色过渡，复眼红黑色；3龄若虫（预蛹）体形缩短，橙红色，体侧和背中央颜色较深，复眼大，暗红色，前缘有半月形的红色晕，前翅翅芽伸达腹部第二节，后翅翅芽伸达腹部第三节前端；4龄若虫（蛹）翅芽逐渐增长，腹部节间明显，第三至第八节两侧呈锯齿形，腹部末端有4根明显的粗短刺毛。

（2）为害特征。成虫和1龄若虫、2龄若虫均取食嫩叶内的汁液，受害叶叶片会失去光泽、变形、质脆，严重时芽停止生长，以至萎缩枯竭，对茶叶产量和品质有严重影响。

（3）发生规律。棘皮茶蓟马年发生多代，世代重叠，完成一代的时间随气温的变化而异，一般5—6月完成一代需18~25天，平均约20天；10—11月完成一代需35~40天。在浙江杭州，一年有2次虫口高峰，第一次在5—6月，第二次在9—10月；7—8月的高温对其种群数量有明显的抑制作用。棘皮茶蓟马在浙江多发生于靠近荒山或森林的茶园中。留养不采茶及幼龄茶园，其受害程度常重于投产茶园。

（4）防治措施。①及时采摘：及时分批采摘可带走在新梢上的卵和若虫，恶化蓟马的食料条件。②农药防治：采摘茶园百梢有虫100头以上，或有虫梢率在40%以上的茶园均应全面喷药防治。施药方式以低容量蓬面扫喷为宜。药剂可选用10%吡虫啉（每亩用药15~20g）、20%呋虫胺可溶粒剂（每亩用药30~40g）。

当前茶园部分推荐农药品种清单见表3.9。

表3.9 当前茶园推荐农药品种清单

病虫害种类	有效成分	主要剂型及推荐用量	剂型推荐稀释倍数	剂型推荐亩用量
茶尺蠖	溴氰菊酯	2.5% 乳油	1500~2250	20~30ml
	氯氰菊酯	10% 乳油	1500~2250	20~30ml
	噻虫·高氯氟	22% 微囊悬浮—悬浮剂	4500~7500	6~10ml
	茶核·苏云金	茶尺蠖核型多角体病毒1万PIB/微升、苏云金杆菌2000IU/微升悬浮剂	300	150ml
	苦皮藤素	1% 水乳剂	1125~1500	30~40ml
	苦参碱	0.6% 水剂	450~600	75~100ml
	联苯·甲维盐	5.3% 微乳剂	2250~3000	15~20ml
	短稳杆菌	100亿孢子/ml 悬浮剂	500~700	65~90ml
茶小绿叶蝉	联苯菊酯	25g/l 乳油	1000~1500	30~45ml
	茶皂素	30% 水剂	360~600	75~125ml
	噻虫·高氯氟	22% 微囊悬浮—悬浮剂	4500~7500	6~10ml
	吡虫啉	25% 可湿性粉剂	1000~1500	30~45g
	茚虫威	150g/l 乳油	2250~3000	15~20ml
	印楝素	0.5% 可溶液剂	500~700	65~90ml
	苦参·藜芦碱	0.6% 水剂	600~750	60~75ml
	虫螨腈	240g/l 悬浮剂	1500~2250	20~30ml
	呋虫胺	20% 可溶粒剂	1125~1500	30~40ml
	丁醚·噻虫啉	40% 悬浮剂	562.5~750	60~80ml
	甲维·丁醚脲	43.7% 悬浮剂	1125~1500	30~40ml
	甲维·噻虫嗪	13% 水分散粒剂	3750~5000	9~12g
茶橙瘿螨	石硫合剂	45% 结晶粉	150	300g
	矿物油	99% 乳油	150	300ml

（续表）

病虫害种类	有效成分	主要剂型及推荐用量	剂型推荐稀释倍数	剂型推荐亩用量
茶毛虫	苏云金杆菌	2000～8000IU/μL 悬浮剂、8000～16000IU/μL 悬浮剂	500～1000	45～90ml
	茶毛核·苏云金	茶毛虫核型多角体病毒1万 PIB/μL、苏云金杆菌2000IU/μL 悬浮剂	300	150ml
	联苯·甲维盐	5.3% 微乳剂	2250～3000	15～20ml
	联苯菊酯	25g/l 乳油	1000～1500	30～45ml
	印楝素	0.3% 水剂	750～1000	45～60ml
	苦参碱	0.6% 水剂	450～600	75～100ml
黑刺粉虱	溴氰菊酯	2.5% 乳油	1500～2250	20～30ml
	联苯菊酯	25g/l 乳油	1000～1500	30～45ml
茶饼病	多抗霉素	3% 可湿性粉剂	1000	45g
茶炭疽病	代森锌	80% 可湿性粉剂	600	75g
	苯醚甲环唑	10% 水分散粒剂	1500～2000	22.5～30g
	吡唑醚菌酯	250g/l 乳油	1500～2000	22.5～30ml

注：使用时注意品种之间的轮换，以延缓药剂抗性。

（二）茶树主要病害与防治

茶树病害根据为害部位不同，一般分为叶部病害、茎部病害和根部病害，其中叶部病害（包括芽梢）是茶树病害的主要类群，对产量和品质影响最直接、最大。浙江茶树发生茶炭疽病、茶云纹叶枯病、茶轮斑病和茶煤病较多，茶白星病在高山茶区发生较重。茎部病害相对较轻，在浙江一带主要是茶枝梢黑点病等。

1.茶炭疽病

在各产茶省均有发生，以西南茶区发生较重。近年来，浙江茶区推广龙井43品种后，病害范围扩大蔓延。除茶树外，还为害油茶、山茶和茶梅。

（1）为害性。一般多发生在成叶上，老叶和嫩叶偶尔发病。秋季发病严重的茶园，翌年春茶产量明显下降（见图 3.117）。

图3.117　茶炭疽病病斑　　　　　图3.118　茶炭疽病为害状

（2）症状。先在叶缘或叶尖产生水渍状暗绿色病斑，后沿叶脉扩大成不规则形病斑，红褐色，后期变灰白色。病健分界明显。病斑正面密生许多黑色细小突起粒点（病菌的分生孢子盘），病斑上无轮纹。发病严重时可引起大量落叶（见图3.118）。

（3）发生规律。病原以菌丝体在病叶组织中越冬，全年以梅雨期和秋雨期发生最重。品种间有明显的抗病性差异，一般大叶品种抗病力强，而龙井43等品种易受感染。

（4）防治方法。①加强茶园管理，做好积水茶园的开沟排水，秋、冬季清除落叶。②选用抗病品种，适当增施磷、钾肥，以增强抗病力。③药剂防治以5月下旬至6月上旬及8月下旬至9月上旬秋雨开始前为防治适期。在新梢一芽一叶期喷药防治。可选用80%代森锌可湿性粉剂（每亩用药75g）、10%苯醚甲环唑水分散粒剂（每亩用药22.5~30.0g）、250g/L吡唑醚菌酯乳油（每亩用药22.5~30.0ml），22.5%啶氧菌酯悬浮剂（每亩用药22.5~30.0ml），75%百菌清可湿性粉剂（每亩用药55~75g）。上述农药喷药后安全间隔期为7~14天。非采摘期还可喷施0.7%石灰半量式波尔多液进行保护。

2.茶云纹叶枯病

茶树上最常见的病害。全国各产茶地区均有发生。除为害茶树外，还可为害油茶、山茶、茶梅等植物。

（1）为害性。主要为害叶片，也为害新梢、枝条和果实。茶树患病后，叶片常提早脱落，新梢出现枯死现象，致使树势衰弱。茶云纹叶枯病在树势衰弱和台刈后的茶园发生较重，扦插苗圃发生也较多。发生严重时，茶园呈现一片枯褐色，幼龄茶树可出现全株枯死。

（2）症状。成叶和老叶上出现圆形或不规则形病斑，初为黄褐色，水渍状，后转褐色，病斑上有云纹状轮纹，最后由中央向外变灰色，上生灰黑色扁平圆形小粒点，沿轮纹排列。嫩叶上病斑褐色、圆形，后转为黑褐色枯死。枝条上产生灰褐色斑块，稍下陷，上生灰黑色小粒点，可使枝梢回枯。果实上病斑圆形，黄褐色至灰色，上生灰黑色小粒点，有时病部开裂（见图3.119）。

图3.119　茶云纹叶枯病病斑

（3）发生规律。茶云纹叶枯病由真菌引起。以菌丝体或分生孢子盘在发病组织或土表落叶中越冬。全年除严寒外，均能发病，在8月下旬至9月上旬的高湿季节为发病高发期。品种间有抗病性差异，

图3.120　茶云纹叶枯病为害状

一般大叶种（如云南大叶种、福建水仙、广东水仙等）较感病；而小叶种则较抗病（见图3.120）。

（4）防治方法。①秋茶结束后，结合冬耕将土表病叶埋入土中。同时摘除树上病叶，清除地面落叶并及时带出园外予以处理，以减少翌年初侵染源。②加强茶园管理，做好抗旱、防冻及治虫工作。勤除杂草、增施肥料，以增强抗病力。③6月初夏期，当气温骤然上升、叶片出现枯斑时，应喷药保护；8月，当平均气温高于

28℃，降雨量大于40mm，平均相对湿度大于80％时，立即喷药。防治药剂可参考茶炭疽病。非采摘茶园还可喷施0.7％石灰半量式波尔多液。

3. 茶饼病

在浙江、安徽、四川、江西、湖南、福建、云南、贵州、广东、广西、台湾等省地区有发生，在华南和西南茶区发生严重。

（1）为害性。由于茶饼病对幼嫩组织的偏嗜性及其潜育期短的特点，茶饼病对茶叶产量的影响远远超过其他病害，而且为害后对茶叶品质也有不良影响，即使用轻度罹病的芽梢制茶，成茶也味苦、易碎，质量明显下降。

（2）症状。茶饼病仅为害茶树幼嫩多汁的芽叶和嫩茎部，发病最初病状是在嫩叶上出现浅绿、浅黄或略带红色的圆形或椭圆形透明斑，一般直径为0.6~1.2cm。以后叶片表面的病斑逐渐凹陷，叶片的背面突出，形状像饼状，病斑正面较平滑并略有光泽，色泽较周围叶色浅，叶背突起部分处为灰色，上面覆有一层白色粉末（见图3.121、图3.122、图3.123）。

（3）发生规律。

茶饼病由一种真菌侵染引起，属低温高湿型病害。全年发病时间各地不同，西南茶区在7—11月；华东和中南茶区在3—5月和9—10月；海南茶区在9月中旬至翌年2月。品种间有抗病性差异。

图3.121　茶饼病病斑

（4）防治方法。①加强苗木检查。从病区调运苗木必须严格检验，发现病苗，应立即处理，防止病害传入新区。②勤除杂草，砍除遮阴树，增施磷钾肥，从而增强树势、减轻发病。及时分批采茶，选择适宜时期修剪和台刈，使新梢抽发时尽量避过发病盛期，减少侵染机会。③药剂防治可选用3%多抗霉素可湿性粉剂（每亩用药45g）。非采摘茶园也可喷施0.2%~0.5%硫酸铜液或0.7%石灰半量式波尔多液，从而达到保护茶树的目的。

图3.122　茶饼病为害状（一）

4. 茶芽枯病

是我国江南和江北茶区茶树芽叶的重要病害，发生在浙江、江苏、安徽、广东、湖南等地区的茶区。

（1）为害性。主要为害春茶幼芽和嫩叶。该病发生严重的茶园，梢发病率可达70%，导致春茶减产约30%，而且茶叶品质下降，开采期推迟，茶农经济效益严重受损。

（2）症状。病斑开始在叶尖或叶缘发生，病斑呈黄褐色，以后扩大成不规则

图3.123　茶饼病为害状（二）

形，无明显边缘。后期病斑上散生黑褐色细小粒点，以正面居多，病叶易破裂扭曲。幼芽、鳞片、鱼叶均可变褐，病芽萎缩不能伸展，后期呈黑褐色枯焦状，严重者整个嫩梢枯死（见图3.124）。

（3）发生规律。茶芽枯病以菌丝体和分生孢子器在老病叶或越

冬芽叶中越冬。属低温高湿型病害，仅在春茶期发生。春茶萌芽期（3月底至4月初）开始发病，春茶盛采期（4月中旬至5月上旬）最高气温在20~25℃时为发病盛期。6月中旬后最高气温达29℃以上时停止发病。品种间有抗病性差异，萌芽早的品种（如大叶长、迎霜、福鼎大白茶、龙井43等）发病较重；而萌芽迟的品种（如福建水仙、鸠坑、大毫茶、祁门槠叶种等）发病较轻。

图3.124　茶芽枯病为害状

（4）防治方法。①在春茶期实行早采、勤采，尽量减少嫩芽叶留在茶树上，以减少病菌的侵染，抑制发病。②利用品种间抗病性差异，在重病区改种换植时尽量选种抗病良种。③感病品种可在春茶萌芽期和发病前各喷药1次，药剂可选用10%苯醚甲环唑水分散粒剂（每亩用药22.5~30.0g）、250g/l吡唑醚菌酯乳油（每亩用药22.5~30.0ml）。停采茶园可喷洒0.6%石灰半量式波尔多液进行保护。

5. 茶煤病

茶煤病俗称乌油，发生很普遍，全国各产茶地区均有发生。除为害茶树外，还可为害柑橘、荔枝等多种植物。

（1）为害性。主要为害叶片，会在病枝叶上覆盖一层黑霉，影响茶树光合作用的正常进行。为害严重时，茶园呈现一片污黑，芽叶生长受阻，茶叶产量明显下降。由于茶煤病的污染，茶叶品质也会受到一定的影响。

（2）症状。枝叶表面开始会出现黑色圆形或不规则形小斑，之后渐渐扩大，可布满全叶，在叶面覆盖一层烟煤状黑色霉层。茶煤病的种类多，不同种类的煤菌其霉层颜色的深浅、厚度及紧密度不同。煤病的发生常与黑刺粉虱、蚧虫或蚜虫的严重发生密切相关（见图 3.125）。

（3）发生规律。已知茶煤病菌约有 10 种，均属真菌。病菌以菌丝体或子实体在病枝叶中越冬。第二年早春，会在适宜条件下形成孢子，借风雨或昆虫传播，病菌从粉虱、蚧类或蚜虫的排泄物上吸取

图3.125　茶煤病为害状

养料，附生于茶树枝叶上。低温潮湿的生态条件、虫害发生严重的茶园，均可引发此病。全年以春茶和四茶发生较重。

（4）防治方法。①加强茶园害虫防治，控制粉虱、蚧类和蚜虫是预防茶煤病的根本措施。②加强茶园管理，适当修剪，以利通风和增强树势，减轻病虫害。③药剂防治。宜在早春或深秋茶园停采期喷施 0.5 波美度石灰硫黄合剂防止病害扩展，还可兼治蚧、螨虫；也可喷施 0.7％石灰半量式波尔多液抑制病害的发展。

6.茶褐色叶斑病

在安徽、江苏、浙江、湖南、贵州、四川、云南、广东、台湾等地区均有发生。除为害茶树外，还可为害山茶。

（1）为害性。在老叶和成叶上发生，晚秋和早春发生严重，茶园呈现一片紫褐色，病叶大量脱落，致使树势衰弱。

（2）症状。发病初期多由叶缘开始产生褐色小点，后渐扩大成圆形或不规则形紫褐色或暗褐色病斑，边缘紫黑色较宽，病健部无明显分界线。病斑似冻害状，在潮湿条件下病斑上会产生灰色霉层。如将病叶平放，对光可见病斑上簇生细毛状物，这是病原菌的分生孢子梗和分生孢子（见图 3.126、图 3.127）。

图3.126　茶褐色叶斑病初期为害状

（3）发生规律。茶褐色叶斑病是以菌丝块在茶树病叶或土表落叶中越冬。本病是低温高湿性病害，全年以晚秋和早春（11月至翌年3月）发生较多。茶树遭受冻害、缺肥或过度采摘会使树势衰弱，易受感染。排水不良或地下水位高的茶园易于发病。

图3.127　茶褐色叶斑病后期为害状

（4）防治方法。①加强茶园管理，增施肥料，合理采摘和采养结合，清沟排水，降低地下水位，并做好防冻工作，以增强树势、减轻发病。②在晚秋和早春发病初期（最好是晚秋），喷施 10% 苯醚甲环唑水分散粒剂（每亩用药 22.5~30g）、250g/L 吡唑醚菌酯乳油（每亩用药 22.5~30ml）、75% 百菌清可湿性粉剂（每亩用药 45~55g）或 0.7% 石灰半量式波尔多液进行预防。

7.茶枝梢黑点病

在浙江、湖南、江苏、安徽、贵州、广东、广西等地区普遍发生。

（1）为害性。为害茶树枝梢，使夏茶生长受阻，芽叶稀疏，瘦弱发黄，对夹叶增多；为害严重时甚至全梢枯死。

（2）症状。此病发生在当年生半木质化红色枝梢上。病梢初期出现不规则形灰褐色斑块，以后逐渐向上、向下扩展，可长达10~20cm，此时，病部呈灰白色，其上散生圆形或椭圆形稍有光泽的突起黑色小粒点（见图3.128）。

图3.128　茶枝梢黑点病为害状

（3）发生规律。茶枝梢黑点病由真菌侵染引起。以菌丝或子囊盘在病梢组织中越冬。翌年春季，在适宜条件下可产生子囊孢子，通过风雨传播，侵染枝梢；3月下旬至4月上旬形成新子囊；5月中旬至6月中旬为发病盛期。相对湿度在80%以上，温度为20~25℃时此病易发展，高温、干旱不利于发病。台刈复壮茶园和条栽壮龄茶园发病较重。发芽早的品种较感病，一般群体发病较轻。

（4）防治方法。①剪除病梢并及时携出园外予以烧毁。发病严重的茶园需进行重修剪，直接减少侵染来源以减轻发病。②5月中旬为发病盛期前，可喷施10%苯醚甲环唑水分散粒剂（每亩用药22.5~30.0g）、250g/L吡唑醚菌酯乳油（每亩用药22.5~30.0ml）进行防治，全年喷药1~2次。喷药后的安全间隔期为7~10天。

（三）茶树病虫害绿色防控技术

茶树病虫害防治应遵从有害生物综合治理，茶农要经常入园检查，掌握虫、病的发生情况，在病虫害较少、较适宜的发生阶段及时歼除，勿使其蔓延成灾。应优先考虑使用绿色防控技术控制茶树病虫害。

1.农业防治

农业防治是指通过各种茶园栽培管理措施预防和控制茶树病虫害的方法（见图3.129、图3.130、图3.131）。其主要措施如下。

图3.129　周边保留原生植被

图3.130　种植其他树种改善生态

图3.131 多品种搭配的良种茶园

（1）维护和改善茶园生态环境，可在茶园建设时保留原生植被，或在周边种植防风林、行道树、遮阴树，增加茶园周围植被的丰富度，改善生态环境，降低病虫害发生率。

（2）选用和搭配不同茶树良种，选用抗病虫的茶树良种，在换种改植或发展新茶园时应选用对当地主要病虫抗性较强的良种。在大面积种植新茶园时要选择和搭配不同的无性系茶树良种，避免一个地区大量种植同一品种，防止由于良种抗性变化或病原菌、害虫的适应性改变造成病虫害暴发或流行。

（3）加强茶园管理，包括中耕除草、合理施肥、及时排灌等。中耕除草一般夏秋季浅翻1~2次，将茶尺蠖的蛹、茶毛虫的蛹、茶丽纹象甲的幼虫和蛹等暴露于土壤表面被杀死。秋末结合施基肥进行茶园深耕，可将表土和落叶层中越冬害虫及多种病原菌深埋入土，也可将深土层中的越冬害虫翻至土壤表面，减少来年种群密度。勤除杂草可以减轻假眼小绿叶蝉为害，在化学防治前先铲除杂草可提高防治效果。增施有机肥可减轻蚜、螨类的发生。对地下水位高和地势低洼、靠近水源的茶园，要注意开沟排水，这对多种根部病害（如茶红根腐病、茶紫纹羽病等）有显著预防效果，对藻斑病、茶长绵蚧、黑刺粉虱也有一定抑制作用（见图 3.132、图 3.133）。

图3.132 茶园开沟

图3.133 中耕除草

（4）适时修剪和采摘，采用不同程度的修剪可剪除有病虫枝条，对钻蛀类害虫和枝干病害有较好的防治作用。对郁闭茶园进行疏枝通风可抑制蚧类、粉虱类害虫。对病虫为害严重的茶树可进行台刈，修剪或台刈下来的带病虫枝叶及时清理出园并集中烧毁（见图3.134、图 3.135 ）。

图3.134　重修剪和清园

图3.135　机器采摘茶叶

2.物理防治

物理防治是指应用各种物理因子和机械设备来灭杀病虫，主要是利用害虫的趋性、群集性、食性，通过性信息素、光、色等诱杀或机械捕捉害虫。主要方式如下。

（1）灯光诱杀。采用频振式杀虫灯可诱杀鳞翅目害虫，从而减轻田间成虫发生量，降低下一代害虫的发生率。使用时应避开天敌高峰期，要根据害虫和天敌的数量比例进行合理使用（见图 3.136）。

（2）性信息素诱杀。可采用田间悬挂含性引诱剂的诱芯（如茶尺蠖、茶毛虫性诱剂诱芯）诱集并杀灭雄虫（见图 3.137）。

（3）色板诱杀。在田间设置黄、绿有色粘板，诱杀茶蚜、蓟马、假眼小绿叶蝉等害虫，起到抑制害虫的作用（见图 3.138）。

图3.136　灯光诱杀

图3.137　性信息素诱杀

图3.138　色板诱杀

（4）药剂封园。药剂封园可大大减轻来年病虫，尤其是螨类的为害，而且对粉虱、蚧类和叶病类均有较好的防效。封园药剂可选用矿物类药剂（如晶体石硫合剂、机油乳剂和它们的混配剂），也可选用新型矿物油绿颖；在生产季节也可用绿颖等矿物油防治茶橙瘿螨等害虫（见图 3.139）。

图3.139　秋冬季封园用的石硫合剂和矿物油

3. 生物防治

生物防治主要是保护天敌和利用天敌，一般生物防治必须和其他防治方法配合使用，以取得良好效果。

（1）保护茶园害虫天敌。在茶园周围种防护林和行道树，或采用茶林间作、茶果间作，幼龄茶园间种绿肥，夏秋季在茶树行间铺草，给天敌创造良好的栖息、繁殖场所。进行茶园耕作、修剪等人为干扰较大的农活时给天敌一个缓冲地带，减少天敌的损伤。将修剪下来的茶枝条堆放在茶园附近，这样寄生蜂可飞回茶园。部分寄生性天敌昆虫（如寄生蜂、寄生蝇）和捕食性天敌昆虫（如食蚜蝇）羽化后，需吮吸花蜜进行补充营养才能产卵繁殖，故可在茶园周围种植一些不同花期的蜜源植物（见图3.140、图3.141）。

图3.140　茶园套种改善天敌生存条件

图3.141 周围种植蜜源植物促进天敌繁殖

（2）释放天敌动物，增加茶园天敌数量。将捕食螨、寄生蜂等天敌经室内人工饲养后释放到茶园田间，控制相应的害虫（螨）。捕食螨中的德氏钝绥螨可防治茶附线螨，胡瓜钝绥螨可防治茶橙瘿螨。寄生蜂（如赤眼蜂）可用于防治茶小卷叶蛾，绒茧蜂可用于防治茶尺蠖等（见图 3.142）。

（3）应用生物制剂控制茶园害虫。常见微生物制剂有病毒制剂、细菌制剂、真菌制剂、植物源农药等。白僵菌是一种病原真菌，对各种鳞翅目害虫的幼虫有较好效果，对假眼小绿叶蝉和茶丽纹象甲也有一定压抑作用，在我国茶区已推广应用。苏云金杆菌作为细菌性病原微生物，对茶园鳞翅目害虫的幼虫有良好防治效果，已在茶叶生产中广为应用。目前核型多角体病毒（NPV）已有商品化的产品，如茶尺蠖核型多角体病毒、茶毛虫核型多角体病毒在茶叶生产中已大面积使

图3.142 防治茶橙瘿螨的胡瓜钝绥螨

用。植物源农药使用较广的苦参碱制剂，可以有效防治茶尺蠖、假眼小绿叶蝉等茶树害虫（见图 3.143、图 3.144）。

图3.143　常用的生物源制剂

图3.144　被生物源药剂（白僵菌）感染的茶尺蠖

4.化学防治

化学防治具有作用快、效果好、工效高的优点，仍是目前及未来很长一段时间内最重要的茶树病虫害防治措施。只要科学合理地使用，不仅茶叶中的农残可以得到控制，而且完全可以做到与环境的友好相处。

（1）化学防治药剂（农药）品种的选择。茶农要根据茶树选用药效高、毒性均、残留期短和对茶叶品质无不良影响的农药品种。挑选农药时首先要注意该种农药有没有经过登记，没有登记的农药尽量不要使用（见图3.145）。

图3.145 要准确选用农药

此外，在看农药时主要看农药的通用名，一种农药名称因为生产厂家的不同会有不同的商品名，如联苯菊酯的农药，商品有天王星、速清等数十种（见图3.146）。

图3.146 上述药剂的有效成分均为2.5%联苯菊酯

（2）加强对病虫害的调查，选择合适的防治（适期）时间。根据茶树病虫害历年发生的规律深入茶园，对可能产生为害的病虫害进行细致调查，必要时应借助显微镜等设备开展调查，根据调查结果确定需要防治的地块和范围（见图3.147）。

图3.147　病虫害调查

　　选择在病虫生长发育过程中薄弱环节适时喷药，应在病虫发生初期出现中心病（虫）株时喷药。如对蛾类害虫的防治，应在幼虫低龄期（一般在3龄前）；对粉虱和蚧类害虫的防治，应选择卵孵化初期或泌蜡初期，以起到良好的防效。如果错过了防治适期，病虫害将很难进行防治，如防治低龄茶尺蠖时，一般药剂在推荐剂量下均有较好的效果，而对大龄茶尺蠖，所有农药即便加大剂量也很难防治，因为此时茶尺蠖已接近化蛹，取食相当有限，对这一代茶尺蠖进行防治已失去了意义（见图3.148、图3.149）。

图3.148 防治适期的茶尺蠖 图3.149 已超过防治适期的尺蠖
（1~3龄） （5龄）

（3）施药器械的选择和施药技术。当前茶园中常用的施药器械
有手动喷雾器、背负式弥雾机、担架式喷雾器、行走式喷雾器等，
其中，前两种较常用，后两种一般在规模化茶园中使用。每亩用药
液量一般在45L左右（即3背包1亩地），如果是弥雾机，可以适当
减少用水量。喷头要选择低容量喷雾喷头，常规喷雾雾滴不均匀，
特别影响触杀性杀虫剂的防治效果，此外还会造成药液的大量流失，
常规喷雾指喷雾器上喷片的孔径为0.9~1.6mm，低容量喷雾则是
0.6~0.7mm。喷药要均匀，使农药尽可能多地喷洒到靶标上，才能
达到经济有效地防治病虫害的目的。此外，喷头不出水或喷洒不均
时要及时调校，调校不好时要及时更换（见图3.150）。

采用弥雾法（机动弥雾器）或小喷孔片（手动或机动喷雾器）时，
喷孔直径小于1mm，雾滴细，喷洒相对均匀，既节省了农药和用水
量，又减少药液流失和环境污染。

喷雾作业时，行走速度不要忽快忽慢，喷头也不能任意左右或
上下摆动，以免作物着药过多或过少，影响防治效果，甚至出现药
害。操作人员要随时注意机器及齿盘的转速，如果转速降低，则应
立即停止喷药，洗净喷头并进行检查维修。喷药时还要注意风速与
风向的变化，以便根据风向来改变喷向，风大时则应停喷。还应掌
握好喷雾量与喷雾速度之间的关系，即亩喷液量为2~3kg时，行走

图3.150 常见的3种施药器械

速度为 1m/s；亩喷量为 3~4kg 时，行走速度为 0.6~0.7m/s；亩喷液量为 4~5kg 时，行走速度为 0.4m/s。

（4）确定施药浓度和剂量。根据选择药剂的含量和防治对象所需要配制药液，讲究农药配制技术，注意水的质量，严格掌握加水倍数，重视加水方法，准确用量筒和量杯取液体农药商品，固体可湿性粉剂应准确称量（见图3.151）。

要特别注意农药的有效成分含量，由不同厂家生产，甚至是同一厂家生产的不同产品，尽管有效成分相同，但有效成分的含量

图3.151 严格按说明书配制药液

相差较大，在配制时要特别注意，如富美实公司生产的 25g/L 和 100g/L 的联苯菊酯制剂，含量相差高达 4 倍（见图 3.152 ）。

图3.152 同为富美实公司生产的联苯菊酯，有效成分一致，但浓度相差4倍

（5）轮换用药和安全间隔期。应严格遵守农药的安全作用准则，包括农药品种、使用剂量、最多使用次数、施药后的安全间隔期。绝大多数农药在每季度最多使用次数一般仅 1 次。应提倡尽量少用

农药或轮换使用农药。因农药在茶叶中的残留量会随着时间延长而逐渐降低，时间愈长，残留量愈低，故可以根据农药的降解速度结合农药的慢性毒性程度和制定的农药最大残留限量确定该农药在茶树上喷药后的安全间隔期。按现行茶园中适用农药安全使用标准，其安全间隔期一般要在7~10天，有的要14天。

（6）做好施药人员的防护工作。茶园施药应尽量由身体健康的青壮年承担，喷药时间一般不得超过6h，要戴好防毒口罩，穿长袖上衣、长裤、鞋和袜，施药期间应避免吸烟、喝水等动作。工作后要用肥皂彻底清洗手、脸，并用清水漱口，有条件的应洗澡（见图3.153）。

图3.153　施药时做好人员的防护

（7）处理好残留农药及包装物。瓶中或袋中的药液应尽量用光，必要时可用清水对瓶中残留药液进行冲洗，这一方面可以减少用药成本，另一方面也可以减少对环境的污染。用药结束后应将农药瓶等包装物收好交至统一回收处理场所，没有统一回收处理场所的，应统一收集后做掩埋等处理，切忌随地丢弃（见图3.154）。

（四）茶树病虫害专业化防治模式

茶树病虫害专业防治适应茶产业发展新形势，是满足茶农等生

图3.154　回收废弃农药包装的回收点

产主体对新时期茶树病虫害防治需求的一种服务新方式，也是建立农村新型社会化服务体系的尝试。专业化防治可以促进先进防治设备和配套技术的应用，同时减少农药使用量，减轻对环境的破坏。当前茶叶生产中的专业化防治模式主要有以下几种。

1.合作社集中统一防治模式（专业化作业队模式）

浙江省杭州市富阳区渔山乡康乐茶叶专业合作社借鉴当地水稻专业化作业队的模式，在当地乡政府等部门的支持下开展了茶树病虫害专业化防治的探索。合作社聘请杭州市农业科学研究院茶叶所、富阳区茶叶站的技术人员对该社调查人员进行技术培训，并购置了频振式杀虫灯和双筒显微镜，使其基本掌握茶树病虫害调查的技术，为取得统防统治工作的成功奠定了基础。各级政府先后为合作社配置了担架式喷雾机、弥雾机等统防统治设施，并对供水等基础设施进行了改造，为统防统治工作的推进提供了条件。此外，为降低统防统治的风险，合作社在当地乡政府的支持和补助下，设立了统防统治风险基金（见图3.155）。

开展防治时，由合作社组织人员对当地茶农的茶园进行病虫调查，并根据病虫发生情况进行统一防治，费用由茶农根据茶园面积分摊。在初步取得成功后，合作社内部建立几支专业化的茶树植保

图3.155　富阳渔山乡合作社开展的茶树病虫害专业化防治

服务队，通过对防治费用进行统一标准的补贴等措施来推进专业化服务队的发展，优胜劣汰，引导植保服务队走向市场化，以发展可持续的统防统治模式。

相对于渔山乡较为成功的水稻病虫害统防统治模式，茶树病虫统防统治最大的难度在于损失程度的界定，即稻谷一般有着较为统一的收购价和相对统一的产量，即便是统防统治失误造成损失，赔偿数额容易确定，而茶叶不仅产量损失很难鉴定，且茶叶的价格也很难确定。因此，尽管茶树专业化防治在当地取得了较大的成功，但在富阳其他地方推广时却遇到了较多的问题，总体推广进展较慢。

2. 大企业引导模式

浙江更香茶业有限公司（简称更香公司）按照"公司＋基地"的模式，通过与茶农建立合作双赢的利益联结机制，实现了茶树病虫害的专业化治理（见图3.156）。更香公司对所有基地农资实行集中采购和配送，同时聘请了专业技术人员对基地的管理人员进行技术培训和管理，并为基地提供茶园病虫害预测预报、咨询、现场诊断等服务。同时对所有基地进行统一编号，发放"茶园质量安全追溯记录本（农事记录本）"，基地责任人应将所有茶园栽培履历在记录

图3.156　武义更香公司实施的"公司＋基地"茶园病虫害防治模式

本上详细记录，并定期将记录本交至公司进行系统录入。为鼓励基地生产优质安全的原料，公司通过优价收购原料来提升基地的积极性，一般按市场价上浮15%~30%收购签约基地的鲜叶。为督促茶农按规范进行病虫害防治，除技术人员对基地例常的指导和检查外，公司还高频率、不定期地将各个基地、各个批次的茶叶进行送检，通过对最终产品的抽查来控制农民对投入品的使用，一旦发现问题，将取消签约，并将当年上浮加价的原料款扣除。

更香公司通过与基地建设利益纽带使茶农得到经济效益，大大提升茶农生产茶叶的积极性，带动当地茶叶经济发展，同时为更香公司提供有机茶鲜叶原料。该模式由企业推动，通过经济手段促使茶农实现病虫害的专业化防治，可持续性强，近年来在部分上规模的企业也得到了发展，推广速度较快。

3.茶园农药专柜模式

近年来，杭州市西湖区、湖州市安吉县、绍兴市新昌县等茶叶主产区尝试了在农资经营点设立茶园用药专柜的举措，实行茶园农药专营专供，引导和规范茶叶种植者合理、安全使用农药（见图3.157）。

图3.157　茶园农药专柜

茶园农药专柜通过补贴等形式引导茶农到定点挂牌的农资店购置茶园用农药。当地农技部门会加强宣传、培训农资店技术人员；印制茶树病虫防治技术、茶园用农药推荐品种等资料并悬挂在茶园农药专柜，引导茶农科学合理用药；配合补贴等政策建立购销档案制度，对购进产品的数量、售货方联系人及购买者身份、购买时间、用途、联系方式等信息详细登记，确保产品来源清楚、去处可追溯；同时通过培训使专柜经营者掌握茶树病虫害的防治技术，在茶农购买时，经营者可以做好相应的技术指导作用，告诉购买者防治对象、施药时间、使用方法、剂量及安全间隔期、注意事项等。

该模式由于形式相对简单，故只需管理好农资供应环节就行，不需要直接培训指导茶农，效率相对较高，因此近年来发展速度较快。但由于专柜经营者自身利益等因素，对专业化防治的效果没有前两者好。

 **思考题**

1.掌握茶尺蠖的为害特征、发生规律及防治措施。
2.掌握茶黑毒蛾的为害特征、发生规律及防治措施。
3.掌握茶毛虫的为害特征、发生规律及防治措施。
4.掌握假眼小绿叶蝉的为害特征、发生规律及防治措施。
5.掌握黑刺粉虱的为害特征、发生规律及防治措施。
6.掌握茶炭疽病的为害特征、发生规律及防治措施。
7.茶树病虫害绿色防控主要有哪些措施？

七、防灾减灾

（一）冻害防御与补救

1.茶树冻害类型

茶树冻害通常可分为越冬期冻害和萌芽期冻害，后者对当年春茶的产量和品质影响最大。按不同的受害成因，冻害类型还可分为冰冻、干冻、雪冻和霜冻（见图 3.158、图 3.159）。

图3.158　越冬期干冻受害后的茶树

图3.159　萌芽期冻害后的茶树

（1）越冬期冻害。

冰冻。越冬期，雪后连日阴冷结冰，茶树处在约−5℃的低温条件下时成叶细胞便开始结冰，若低温再加上空气干燥和土壤结冰，土壤中的水分移动会受阻，叶片会由于蒸腾作用失水过多而出现寒害，受害叶呈赤枯状。茶苗则由于土壤结冰，苗被抬起，根部松动，细根被拉断而干枯死亡。

干冻。干冻又称为"乌风冻"，是在强大寒潮袭击下，温度急剧下降，伴之干冷的西北风，风速达5~10m/s时，部分叶片被吹落，茶树体内水分蒸发过速，水分不能平衡，叶片多呈青枯状卷缩，继而脱落，枝条也干枯开裂（见图3.160）。

图3.160　严重干冻后茶树整株枯死

雪冻。覆雪能保温，但在融雪时会吸收茶树和土壤中的热量，再遇低温时，地表和叶面都可结成冰壳，出现覆盖→融化→结冰→解冰→再结冰的现象，这种骤冷骤热，一冻一化，使茶树部分细胞遭到破坏，出现冻害。受冻多出现在上部树冠，向阳面往往受害较重。

（2）萌芽期冻害。茶树萌芽期冻害主要是霜冻。霜冻是晴朗无风之夜，受冷空气影响，地表和茶树会辐射散热变冷，使近地面气温骤降到0℃以下发生的。霜冻分早霜冻和晚霜冻。早霜冻多发生在秋末；晚霜冻多出现在3—4月，常称之为"倒春寒"，其危害性比早霜冻大，因为大地回春，茶芽开始萌发，有的早发芽品种已进入采摘期。这类冻害尽管温度不是很低，但发生频率高，常发生在春茶前期，危害性很大，严重影响名优茶的产量和质量。部分茶树受冻后，造成成片已萌发芽叶焦枯，枝条出现枯死，严重时下部茶树骨干枝也会出现枯死现象，程度为深度冻害。这类冻害程度重，但不常发生，只在特别寒冷的年份或在幼龄茶园出现（见图3.161、图3.162）。

图3.161　遭受"倒春寒"茶园（早晨拍摄）

图3.162　遭受"倒春寒"茶园（太阳出来数小时后拍摄）

2.茶树霜冻危害特征

在一般情况下，当外界气温降到 0℃以下时，茶芽胞间或胞内的水分开始逐渐形成冰晶，随着温度的继续下降，冰晶体不断增大，对原生质产生机械压迫损坏和失水，导致细胞膜流动双分子层凝固破裂，使细胞内含物外溢，内含物中的多酚类与自身氧化酶类以及空气中的氧相遇而被氧化红变，最终导致细胞、组织死亡，芽头焦枯，叶片脱落，严重时整棵植株都将死亡。

茶树春霜冻分为轻度霜冻、中度霜冻、重度霜冻和特重霜冻四个等级，等级划分和受害症状见表 3.10。

表3.10　浙江省茶树春霜冻等级

等级	受害症状
轻度霜冻	新芽叶尖或叶尖受冻变褐色、略有损伤，面积占20%以下；嫩叶出现"麻点""麻头"、边缘变红、叶片呈黄褐色
中度霜冻	新芽叶尖或叶尖受冻变褐色，面积占21%～50%；叶尖发红，并从叶缘开始蔓延到叶片中部，茶芽不能开放，嫩叶失去光泽、芽叶焦灼、卷缩
重度霜冻	新芽叶尖或叶尖受冻变褐色，面积占51%～80%（在受冻初期，叶片呈水渍状、淡绿无光泽）；叶片卷缩干枯，一遇风吹叶片便脱落
特重霜冻	新芽叶尖或叶尖受冻全变褐色、成片芽叶焦枯；新梢和上部枝梢干枯，枝条裂开

3. 茶树冻害应急防御

（1）越冬期冻害防御措施。对于茶树苗圃来说，应在冷空气来临前仔细检修苗圃拱棚支架和盖膜，确保抗压抗风能力，发现损坏应及时修复。

幼龄茶树的抗寒能力相对成龄茶树较弱，防止茶树根茎受冻是幼龄茶园防低温的关键，生产上可采取培土或施基肥、行间铺草、设施栽培等措施进行防冻。结合耕作，在幼龄茶树根部覆土，保护茶树根系，可以在一定程度上避免茶树关键部位不受极端低温的危害。此外，在极端低温天气到来前，可以重施一次基肥。基肥不仅有助于茶园的保温防冻，而且还利于幼龄茶树第二年的生长。

对于成龄的生产茶园来说，可因地制宜采取蓬面覆盖、铺草培土、屏障防冻等措施。

蓬面覆盖。冷空气来临前在茶树蓬面直接覆盖遮阳网、地膜或无纺布，高出蓬面 10~20cm 的架棚覆盖效果更好，可防止新叶表面和枝条结冰，降低凝冻的危害。如果能用稻草和作物秸秆等材料覆盖，对极端低温的防控效果更佳。气温回升后应及时拆除覆盖物。

铺草培土。在茶行间覆盖厚 10cm 左右的稻草、杂草等农作物秸秆，能在低温天气下提高土壤温度 2~3℃。结合清沟在茶树根部培土保护根颈部，对茶树防冻有利。

屏障防冻。寒潮过程除降温剧烈以外，往往伴有大风发生。高山茶园可在茶园北面、西面风口处搭建风障，一般风障的材料选用稻草帘为最佳，塑料薄膜也可以使用，达到"前透光、后护身、前行不遮后行阴"的目的。

喷施防寒抗冻剂。最新研究证实，外源喷施钙离子、脱落酸、脯氨酸、甜菜碱、γ-氨基丁酸等物质可以快速提高茶树抗寒能力，外源施用褪黑素、芸薹素内酯和含有褐藻寡糖的海藻发酵液等也可以一定程度上提高茶树抗寒性。对于高海拔茶区的成龄茶树，可以在极端低温天气来临前在叶面喷施防寒抗冻剂，增强茶树对极端低温的耐受能力。

（2）萌芽期霜冻害防御措施。

措施一：塑料大棚覆盖防霜。

塑料大棚覆盖目前仍是茶园防霜冻效果最好的方法，特别是能够控温的塑料大棚设施，不仅能较好防御茶树被霜冻，还提早了茶园开采期、增加了早期名优茶产量。塑料大棚茶园可以根据预定的采茶计划提前约1个月搭建。单栋茶园大棚长度根据茶行的长度一般选为30~40m，宽度一般包括4~5条茶行，即6~8m，顶部高度一般为3.0~3.5m，肩高一般为1.6~2.0m。塑料大棚的钢管材料应选择不易生锈的不锈钢钢管，塑料最好选用透光好、保温、抗老化的无滴膜（见图3.163、图3.164）。

塑料大棚搭建并完成盖膜后要经常检查维护，防止风灾、雨水积压和大雪破坏棚膜。大棚茶园特别要注意温度调节，在晴天，冬季气温上升至25℃或春季气温上升至30℃时，要及时通风降温，等气温下降到20℃以下时再闭门保温。一般晴天上午10时左右开启通风道，下午3时左右关闭。当气温较高，已无寒潮和低温危害

图3.163 单栋茶园塑料大棚

图3.164　连栋茶园塑料大棚

时可考虑揭膜。揭膜前须经数次炼茶，方法是在揭膜前一星期，每天早晨开启通风口，到傍晚时再关闭，连续6~7天，使大棚内茶树逐渐适应自然环境，最后揭除全部薄膜。

塑料大棚搭建前茶园地面最好水分充足，搭建后，雨水不能进入，由于在通风过程中会带走大量水汽，因此需要定期对塑料大棚茶园进行灌水，一般根据茶园土壤水分亏缺状况，每5~15天灌水1次。

茶树萌动后，特别是一芽一叶左右，要注意防御霜冻害，杭州地区一般出现在3月上中旬，这时需要密切关注天气预报。根据天气预报，突发较大幅度降温，且天气预报最低温度在5℃以下时，塑料大棚要及时密封保温或增温。

一般塑料大棚在不增温的情况下能较露天茶园提高最高温度5~10℃，提高日平均温度3~5℃，提高最低温度2~4℃，因此塑料大棚对田间最低温度在-2℃的霜冻害具有较好的防御效果，可以保证茶园不受霜冻害影响，但在遭遇-2℃以下低温时也会受到霜冻害侵袭，此时必须通过增温才能保证茶园不受冻。

措施二：遮阳网等蓬面覆盖防霜。

蓬面覆盖是最简单易行和经济有效的茶园防霜冻措施。在霜冻来临前，用稻草、遮阳网等覆盖茶树树冠，以消解平流辐射降温，提升地温，减少叶片水分散失，并避免冷冻霜与茶芽直接接触，减轻受害程度。该方法特别适合茶农小面积范围内使用，可以就地取材，方便、快捷、有效。

覆盖材料选择。覆盖材料可选择范围较广，一般推荐使用遮阳网、无纺布或彩条布。遮阳网是茶园常用覆盖材料，春季可以防御霜冻，夏秋季可以防高温和提高茶叶品质。无纺布覆盖茶蓬防霜冻效果良好，具有较好的保温、隔离霜冻和降低茶芽受冻率效果。据有关单位对不同材质覆盖茶树防霜冻所作的对比试验，无纺布和四层遮阳网覆盖效果较好。建议选择无纺布、彩条布覆盖或者遮阳网多层覆盖。

覆盖方法。蓬面覆盖可以直接覆盖，也可以搭棚覆盖，直接覆盖一般为临时性的茶园霜冻害防御方法，覆盖时间不长，覆盖期间也没有特别管理措施，具体可以根据天气预报，春茶萌发期间，在霜冻害来临前 1~2 天进行蓬面直接覆盖，2m 幅度的遮阳网可以直接覆盖一条茶行，并用铁丝或绳索固定在茶树上，防止强风吹落，6m 或 8m 幅度的遮阳网可以覆盖多条茶行，也可采用多层方式覆盖在茶行上，增强防霜冻效果。在确定霜冻害解除后，揭开覆盖物即可。塑料薄膜不宜直接覆盖茶丛防霜，宜架棚或者在遮阳网覆盖的基础上使用。

搭棚覆盖一般是搭建一个离地面约 2m 的棚架，然后将覆盖物固定在棚架上。搭棚覆盖虽然增加了覆盖成本，但隔离霜冻的效果要略优于直接覆盖，且覆盖物可以固定在棚架上，随时覆盖和收起，较直接覆盖更加便利。立柱比较经济的方式可以采用 10cm×10cm 水泥柱，棚架可以采用钢管、铁丝或毛竹等。搭棚覆盖在春季防御霜冻害的管理操作方法与直接覆盖一致，即霜冻来临前覆盖，冻害结束后收起即可。

　　覆盖效果。采用遮阳网、无纺布或彩条布等直接覆盖茶丛蓬面，一般可以提高田间最低温度 1~2℃，因此，其对于-1℃以上的轻度茶园霜冻害具有较好的防御效果（见图 3.165、图 3.166、图 3.167、图 3.168）。

图3.165　遮阳网直接覆盖

图3.166　遮阳网架棚覆盖

图3.167　无纺布覆盖

图3.168　其他材料覆盖

措施三：风扇防霜。

防霜风扇在日本应用较为普遍，浙江省也有少量使用。在茶园离地6~7m的高度安装防霜专用风扇，并配套控制系统，风扇回转直径90cm，俯角30°，每台风扇约管理茶园1.0~1.5亩。

防霜风扇只有在逆温霜冻时才能产生一定效果，一般约能提高温度2℃。其原理是逆温霜冻发生时进行空气扰动增温。在晴朗无风或微风的夜晚，地面因辐射冷却而降温，与地面接近的空气冷却降温最强烈，而上层的空气冷却降温缓慢，因此会使低层大气产生逆温现象。当防霜风扇系统自带温度传感器探测到茶树冠层气温低于设定温度时，防霜风扇就会自动开启，开动的大功率风扇会扰动空气，将上方暖空气输送到茶树冠层，使冷暖空气充分混合以提高茶树冠层气温，从而达到防霜冻的目的（见图3.169）。

图3.169　茶园防霜风扇

措施四：喷灌防霜。

在霜冻发生前，启动茶园中的喷灌设施，对茶树叶面进行喷水作业，使叶面温度保持在0℃左右，从而减轻霜冻危害（见图3.170）。

图3.170 茶园喷灌防霜

4.茶树冻害后补救

茶树受冻后，应根据受灾程度分别采取相应的补救措施，尽快使茶树恢复生机。

（1）冻害茶园蓬面管理。对于个别枝梢和芽叶受害的，可以不予处理或作个别处理；对于茶树叶片冻伤焦变和原来有良好采摘面的茶园，采用轻修剪，清理蓬面，以利茶芽萌发；对茶树生产枝冻害焦变的，宜进行深修剪；对受害特别严重的，则应进行重修剪或台刈。修剪时间应在气温回升不会再引起严重冻害后进行。修剪深度根据受冻程度轻重不同而异，掌握宁轻勿深原则，以剪口比冻死部位深1~2cm为宜，尽量保持采摘面。

轻度受冻的茶园，受冻的叶片会提前脱落，这部分春茶应留叶采，提高留叶枝数，保证茶树有足够的叶片进行光合作用。

（2）浅耕施肥。受冻茶树待气温回升进行修剪后应及时补充速效肥料和喷施叶面肥，如硫酸铵、尿素等，并配施一定的磷、钾肥，施肥应少量多次，对恢复茶树生机、提早茶芽萌发及加速新梢生长均有促进作用。幼龄茶园出现冻土抬苗的应进行客土培苗。

（二）干旱防御与补救

1.茶树干旱灾害发生特点

茶树旱害是指在长期无雨或少雨的气候条件下，土壤含水量不能满足茶树正常生理代谢的需求，造成茶叶减产，茶树生长受阻或植株死亡的气象灾害。浙江省7、8月因受副热带高压控制，常有高温干旱、赤热炎炎的天气，并能持续数十天，造成成年茶树成叶枯焦，幼龄茶树尤其是当年移栽的茶树成片枯死。

茶树旱害症状首先始于冠面叶片，受害叶出现赤红色焦斑，其界线异常分明，但发生部位不一。茶树旱害发生次序为先叶肉后叶脉，先成叶后老叶，先叶片后茶芽，先地上部后地下部。从品种形态特征看，叶大柄长、叶脉稀疏的品种受害率高，角质层厚、叶柄短、叶脉较密的品种耐旱性好（见图3.171）。

图3.171　遭受秋季干旱危害的茶园

2.茶树旱害的防御措施

除选用抗旱能力较强的品种建园外，应根据"旱前重防，旱期重抗，旱后重护"的原则，调控外界环境条件，合理运用各项农艺技术，减轻干旱带来的危害（见图 3.172）。

图3.172　茶园气象灾害预测预报

（1）植树造林，涵养水源。优良的生态环境，对茶树高产优质有明显作用。实践表明，凡是生态条件优越的茶区，旱害影响往往较小。因此，在发展新茶园或综合改造旧茶园时，要考虑恰当的林茶比例，宜林则林、宜茶则茶。

茶园间作，对幼龄茶园效果比较理想。在 1~2 年幼龄茶园间作乌豇豆、绿豆、伏花生等，既能代替茶园铺草，增加土壤有机质，改良土壤结构，又能改善茶园夏季小气候，防止阳光直接照射，减少茶树蒸腾和土壤水分蒸发，从而起到防热抗旱保苗的作用。据调查，间作绿肥的幼龄茶园，伏暑茶树受热害率比未间作的降低 20％~40％。从生态学角度看，茶林（果）复合生态茶园，能有效改善茶园小气候，为茶树生长创造一个良好的复合生态环境，有利于茶树防热抗旱，提高茶叶的品质。

（2）保水补水，提高土壤含水率。完善茶园水利配套设施，建设喷灌或滴灌设施，并结合沼液利用，肥水同灌，效果更好。

（3）地面铺草覆盖，减少蒸发。茶园铺草能起到保持水土，减少养分流失，调节土壤温、湿度的效果。试验证明，铺草茶园土壤含水量可提高7%~9%，且上下水分变幅小，对夏季土温可降低0.4~2.2℃。茶园地面覆盖一般采用茶树行间铺盖的形式，可选择稻草、麦秆、枯草或其他作物秸秆，铺盖厚度在10cm左右，用量在1.5~2.5t/亩。

（4）遮阴，防止阳光直射。遮阴保苗，对当年移栽苗可起到良好的抗旱保苗作用。同时，它的用材量也比地面铺草为省。遮阴材料可就地取材，选用麦秆、松枝等，在旱季来临前，插在离茶苗10~15cm的西南方，这样可在每天上午10时至下午3时这段高温期，起到保护茶苗的作用。据调查，采用遮阴的茶苗，旱季茶苗受旱率比不遮阴的茶苗受旱率低20%~40%。

（5）加强管理，提高茶树抗旱能力。除上述措施外，中耕除草可减少表土水分蒸发和杂草争夺水分的情况发生，中耕深度不宜超过10cm，时期要在旱情出现前进行。在旱情发生期间，应注意避免中耕除草，必要时可割高草就地覆盖，避免修剪，不施有机肥，以免加重旱热害。

3.茶树旱害的补救措施

对于已经遭受旱害的茶树，应及时采取补救措施。在旱情解除后，视受害程度的轻重，采取相应修剪；加强肥培管理，使茶树恢复生机；进行留叶采摘，保持适当的叶面积指数，增强树势；受害严重的幼年茶园，应采用补植或移栽归并，保持良好的园相。

思考题

1.简述茶树霜冻危害特征。

2.萌芽期霜冻害有哪些防御措施?

3.茶树冻害后，如何进行补救?

4.科学防御茶树旱害，应采取什么措施?

第四章　包装与储存

　　茶叶包装应选择安全、卫生、环保、无味的包装材料，与茶叶直接接触的材料应符合食品卫生标准及产品标准要求。温度、含水量与相对湿度、氧气、光线等储存条件对绿茶品质有较大影响。防止或延缓绿茶在储存及流通过程中陈化变质，重点是要控制茶叶含水率、选用密封性能优良的包装材料和创造良好的储存环境条件，尽可能降低这些内外因素对茶叶品质的影响。预包装茶叶的标签标识应满足GB 7718–2011《食品安全国家标准　预包装食品标签通则》及相关要求。国家标准对茶叶包装有明确的限制性规定，生产企业应避免茶叶过度包装。

一、茶叶包装

（一）包装形式

茶叶包装通常可分为内包装、中包装和外包装。茶叶内包装指直接与茶叶接触的包装，起直接保护茶叶的作用，分单个包装或小包装；茶叶中包装指在茶叶内包装外面又重复进行的包装，一般将内包装装入袋、盒、罐中，起销售宣传产品的作用；茶叶外包装指将成批量的中包装装入中型或大型的箱、袋、盒、罐中，主要用来保障茶叶在流通中的识别和安全，便于装卸、运输及储存。

（二）包装材料

茶叶包装材料应选择安全、卫生、环保、无味的包装材料，与茶叶直接接触的材料应符合食品卫生标准及产品标准要求。外包装应防水防潮，具有保护茶叶固有形态、抗压的功能，便于装卸、运输。在包装方式上，需考虑储运方式、储运时长、运输工具、销售环境等因素，考虑方便搬运、堆码及运输。包装尺寸应与内包装品相适应，避免过度包装。

1.包装材料基本要求

（1）薄膜类。塑料袋采用厚度为0.04~0.06mm的聚乙烯薄膜制作，复合袋采用厚度为0.06~0.15mm的复合材料制作。

（2）纸类。茶叶包装用纸应符合GB 4806.8—2016《食品安全国家标准　食品接触用纸和纸板材料及制品》的规定。内包装纸袋采用大于28g/m²的食品包装纸，中包装纸袋采用大于50g/m²的牛皮纸制作，纸盒采用大于120g/m²的纸板制作。

（3）滤纸类。茶叶滤袋采用滤纸制作，热封型茶叶滤纸的主要技术参数应符合GB/T 25436—2010《热封型茶叶滤纸》的规定，非热封型茶叶滤纸的主要技术参数应符合GB/T 28121—2011《非热封型茶叶滤纸》的规定。

（4）竹木类。竹盒采用厚度为1~3mm的竹片制作，木盒采用厚度为2~4mm的木板制作。

（5）编织类。棉本色布、麻袋和塑料编织袋包装材料应符合GB/T 406—2018《棉本色布》、GB/T 731—2008《黄麻布和麻袋》、GB/T 8946—2013《塑料编织袋通用技术要求》的规定。

（6）罐用材料类。纸罐采用厚度为0.6~1.5mm的纸板卷制而成；塑料罐采用聚乙烯或聚丙烯树脂注塑制作，罐壁厚度为0.4~1.0mm；铝罐采用金属铝带卷制(或冲压)制作，罐壁厚度为0.4~1.0mm；铁罐采用镀锌或镀锡的马口铁皮卷制，罐壁厚度为0.3~0.8mm；锡罐采用金属锡镕铸，罐壁厚度为0.5~1.2mm；陶罐、瓷罐、玻璃罐采用高温烧制，罐壁厚度为1~2mm。

（7）印刷加工材料。包装印刷加工使用的油墨和黏合剂应无毒、无异味，且不应直接接触茶叶，不应使用含有荧光剂的材料。

2.绿茶包装基本要求

用于绿茶包装的材料应具有保鲜性能，应防潮、抗氧化、隔热，如采用高气密性的铝箔或其他2层以上的复合膜材料等。包装方式宜采用塑料薄膜袋或复合薄膜袋进行内包装，中包装采用瓷罐、玻璃罐、金属罐、纸塑复合罐等（见图4.1）。

图4.1　各式茶叶包装

（三）避免过度包装

国家标准对茶叶过度包装有明确的限制性规定。茶叶生产企业应了解和重视相关规定，避免因违规而受到处罚。

GB/T 31268—2014《限制商品过度包装通则》对包装的总则有：在不损害商品包装作用的基本原则下，应使包装轻质化，采用简易包装；在满足包装主要功能的前提下，其辅助功能应简单、实用。

GB 23350—2009《限制商品过度包装要求 食品和化妆品》对茶叶类的限量要求如下：包装孔隙率 ≤ 45%，包装层数为3层及以下，除初始包装之外的所有包装成本的总和不应超过商品销售价格的20%。

这两个规定，对生产者和消费者都很有必要。茶叶包装应简易，满足茶叶包装、运输和销售需求，减少过度包装，降低包装成本，避免额外浪费。

 **思考题**

1.简述绿茶包装的基本要求。

2.国家强制性标准对茶叶过度包装有哪些明确的限制性规定？

二、绿茶储存保鲜

（一）储存条件与绿茶品质

1. 储存条件对绿茶品质的影响

（1）温度。温度对绿茶品质影响很大。温度愈高，化学反应的速度愈快，绿茶的色泽和汤色就会由绿色变褐色，陈化作用加剧，使茶叶产生陈味。在一定范围内，温度每升高10℃，绿茶色泽褐变速度要增加3~5倍。因此，低温冷藏是名优绿茶保鲜的最有效办法，名优绿茶宜在0~7℃环境下储存。

（2）含水量与相对湿度。茶叶很易吸湿，所以茶叶包装与储存过程的环境必须干燥。茶叶含水量愈高，茶叶陈化变质就愈快。要防止茶叶储存过程中变质，茶叶含水量必须保持在7%以内。但茶叶在储存期间含水量的变化，除受茶叶本身含水量的影响外，还受周围空气的相对湿度影响。研究表明，在储存期间，茶叶吸湿速率与所处环境的相对湿度有关。相对湿度在50%以上时，茶叶含水量将会显著升高。湿度大不仅影响茶叶色、香、味，而且会滋长霉菌，加速茶叶劣变。

（3）氧气。茶叶在储存期间，茶叶中的有效成分，如茶多酚、维生素C、类脂等物质会缓慢氧化，这对茶叶的品质是不利的。因此，茶叶储存期间最好隔绝空气，防止和减缓氧化反应。近年来，我国的部分商品茶销售包装已开始采用除氧、真空充氮包装。

（4）光线。光能促进植物色素和脂类物质氧化。茶叶在直射光下储存，不仅色泽发黄，还会产生不良气味。某些物质会发生光化反应产生有日晒味的戊醛、丙醛、戊烯醇等，加速茶叶陈化。生产上，宜采用不透光的材料或容器包装茶叶，并避免在强光或光线直射下储存。

此外，由于茶叶中含有棕榈酸和萜烯类化合物，这类化合物具有很强的异味吸收能力。因此，不能将散装茶叶或一般包装的茶叶同有异味的物品混放在一起，也不能将茶叶存放在樟木箱等有气味的盛器内。

2. 名优绿茶储存保鲜的技术条件

要防止或延缓茶叶在储存及流通过程中陈化变质，延长其货架期，关键是要控制茶叶的含水率、选用密封性能优良的包装材料和创造良好的储存环境条件，尽可能地降低这些内外因素对茶叶品质的影响。理想的名优绿茶储存技术指标是茶叶含水量低于7%、避光、低湿（相对湿度低于50%）、低温（0~7℃）、低氧（容器内含氧量低于0.1%）、卫生干净。

（二）绿茶保鲜贮藏技术

名优绿茶多数为春茶（3—5月生产），在自然室温条件下，经过高温潮湿的夏季，即使包装良好，到国庆节、元旦节或春节应市，也出现明显的陈化现象。鉴于名优绿茶季节性生产和周年性供应消费的特点，客观上要求储存期达到6~12个月，甚至更长时间。

1. 冷藏保鲜

冷藏不仅可使茶叶处于低温条件，而且库内避光，空气相对湿度也容易控制，因而可以显著延长绿茶的新鲜度和保质期。冷藏保鲜目前已在名优绿茶生产端和销售端广泛使用。

绿茶冷藏的工作温度通常以0~7℃为宜，空气相对湿度应控制在较低水平上，当使用过程中库内湿度超过65％时，应及时换气排湿。春季名优绿茶应于5月中下旬前入库，宜早不宜迟。冷藏茶叶应选用密封性能高的包装材料。同时，尽可能避免在高温季节频繁出库，出库后切忌立即打开，应让冷藏茶叶有一个"感温"过程，即将密封包装的茶叶在阴凉处放置一段时间，使其与外界温度相适应。

2.真空包装保鲜法

真空包装是采用真空包装机将袋内空气抽出后即封口，使包装袋内形成真空状态，从而阻滞茶叶氧化，到达保鲜的目的。

由于茶叶疏松多孔，表面积较大，且由于设备操作因素，一般很难将空气完全排尽，同时真空状态的包装袋收缩成硬块状，对名优绿茶的外形完整性会产生一定的影响。不管是充氮包装还是真空包装，选用的包装容器必须是阻气（阻氧）性能好的铝箔或其他2层以上的复合膜材料，或铁质、铝质易拉罐包装。

3.抽气充氮包装保鲜法

抽气充氮包装是采用惰性气体（如二氧化碳或氮气）来置换包装袋中的空气，取代活性很高的氧气，阻滞茶叶有效成分的氧化反应，防止茶叶陈化和劣变。另外，惰性气体本身也具有抑制微生物生长繁殖的功能。

充入惰性气体后，包装袋略为膨胀，体积增大，导致外包装箱的体积增加。膨胀包装袋承受重压易破裂漏气，从而失去保鲜作用。

4.脱氧包装保鲜法

脱氧包装是指采用气密性良好的复合膜容器，装入茶叶后加入一小包脱氧剂（或称除氧剂），然后封口。脱氧剂是经特殊处理的活性氧化铁，该物质在包装容器内可与氧气发生反应，从而消耗掉容器内的氧气。该法使用简便，保鲜效果好（见图4.2）。

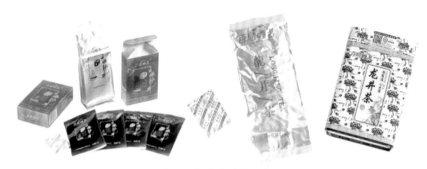

图4.2　龙井茶脱氧包装

5.石灰除湿保鲜法

石灰除湿保鲜法是民间传承的一种有效方法，目前在名优绿茶生产厂家、经营单位及家庭中仍普遍采用。用陶土缸或铁质箱储存，在底部放一定量的生石灰，茶叶用牛皮纸包装好，置于缸或箱内，缸口或箱口用密封性好的复合薄膜或其他无毒、无味的材料捆扎密封即可，如缸口小的话也可用沙袋密封。此法利用生石灰具有较好的吸水性能，能吸附茶叶中的水分及容器内的潮气，从而使茶叶含水率降低或保持在7%以下，容器内相对湿度低于60%，而且由于容器内的湿度较低，因而其温度也较通常气温低3~8℃。名优绿茶在这样一个低温、低湿条件下，可以在一定时间内保持新鲜状态。

石灰除湿保鲜法的优点是投资少、效果明显，不仅可吸附茶叶中的水分，而且还可去除新茶中的高火味，非常适合小批量名优绿茶的储存；缺点是要经常更换石灰，否则名优绿茶的色泽易产生黄变。

（三）保鲜储存方法比较

不同储存保鲜技术各有优缺点。

首先，从保鲜效果来看，低温冷藏、脱氧包装、充氮包装效果较好，其次是真空包装、石灰除湿储存。如果将脱氧包装、充氮包装与真空包装和低温储存有机结合起来，其效果将大大提高。

其次，从应用对象来看，低温冷藏技术比较适合大、中型的生产经营单位大批量保鲜储存，而其他几种方法较适合于流通过程中小包装茶叶的保鲜。

然后，从使用成本来看，脱氧包装、防潮包装、真空包装、石灰除湿的成本较低，而充氮包装、低温冷库储存的费用较高。

因此，用户可根据保鲜的不同要求、货架期的长短、成本的承受能力等方面考虑采用不同的包装保鲜方法，让消费者一年四季都能品尝到具有新茶风味的茶叶。

 **思考题**

1.简述名优绿茶储存保鲜的技术条件。

2.不同储存保鲜技术，各有哪些优缺点？

三、预包装茶叶的标签标识

茶叶作为加工食品，其标签标识应满足GB 7718—2011《食品安全国家标准　预包装食品标签通则》及相关要求（见图4.3）。

（一）茶叶标签应涵盖的内容

1.产品名称

应当在醒目位置清晰地标示反映食品真实属性的专用名称，如龙井茶、安吉白茶等。

2.产品标准代号、质量等级

食品标签上标示的标准代号应与产品执行标准相符。茶叶执行的标准如有明确要求标注茶叶产品质量等级的，也应予以标明。

3.标注食品生产许可证编号

食品生产许可证编号由SC（"生产"

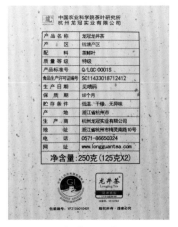

图4.3　预包装龙井茶标签标识

的汉语拼音首字母缩写）和14位阿拉伯数字组成。数字从左至右依次为：3位食品类别编码、2位省（区、市）代码、2位市（地）代码、2位县（区）代码、4位顺序码、1位校验码。如西湖区的一家茶叶生产厂家SC11433019803222的编号中，从左到右第一位数字1是指食品、14指茶叶、3301是浙江杭州、98指西湖区、0322是顺序号、最后一位2是校验码。

4.净含量标示

净含量应与食品名称排在食品包装的同一展示版面。净含量的标注应符合《定量包装商品计量监督管理办法》的规定，净含量的标示由净含量、数字和法定计量单位组成，数字高度不得低于2mm。

5.生产日期、保质期、储存条件

预包装食品的生产日期和保质期应清晰标示，生产日期不得另外加贴、补印或篡改。生产日期指食品成为最终产品的日期（包括包装/灌装日期），这里应明确在茶叶产品标签标识上的生产日期为最后包装日期；保质期指预包装食品在标签标明的储存条件下，保持品质的期限，在此期限内，产品完全适用于销售，并保持标签中不必说明或者已经说明的特有品质。茶叶应按照有关规定要求标注储存条件。

生产日期、保质期、储存条件正确的标法如下。

生产日期：2018年8月1日（或"见内袋封口处"等）；保质期：18个月；储存条件：清洁、通风、干燥、避光、无异味的环境条件下储存（绿茶还可加上"冷藏效果佳"等）。

6.配料标示

单一配料的食品（如茶叶）应标注配料。规范的标注可以根据实际不同茶类进行标注，如茶叶、100%茶叶、梅家坞茶鲜叶、越州产区龙井茶等。

7.生产经营者的联系方式

食品标签上应标示依法承担产品质量责任的生产经营者或经销者的名称、地址和联系方式。规范的标示，如生产商：×××茶叶公司，地址：浙江省杭州市梅家坞×号，客服电话：400-××××。分装食品应当标注分装者的名称及地址，并注明"分装"字样。

8. 产地

茶叶产地应当按照行政区划标注到地市级地域，只标注到某个区或者县级市，如"西湖区""嵊州市"等，不标注产地或只标注一个很小、不确切的地名都是不规范的。规范的茶叶产地标注如"浙江省杭州市""浙江省绍兴市"。

（二）其他要求

食品标签对文字标示有明确要求，包括使用规范汉字、规定的字符高度、中外文对应等，标签不得与食品或者其包装物（容器）分离。如部分茶叶产品标签使用了外文但没有对应的中文、标签内容写在合格证上、标签只标示繁体字等，这些都是不规范的。

此外，在未取得认证授权或认证授权已过期的情况下，仍然在食品标签上标示"有机"（"有机转换产品"）"绿色""无公害"等一些特殊标识也是违规的。

（三）营养标签

根据GB 28050—2011《食品安全国家标准 预包装食品营养标签通则》的规定，对日均食用量/饮用量在10g以下的茶叶豁免标注营养标签。建议在茶叶标签上以警示语言标注"建议每日饮用量为10g以下"。因为茶叶对人体有一定的兴奋作用，故建议在茶叶标签加上一些警示性的提示语，如"特殊人群不宜或少量饮用"。

 思考题

1. 茶叶标签应涵盖哪些内容？
2. 茶叶标签上的"生产日期""保质期""储存条件"，应如何正确标注？

参考文献

李倬, 贺龄萱. 茶与气象[M]. 北京: 气象出版社, 2005.

陆德彪. 茶树种植[M]. 南昌: 江西科学技术出版社, 2015.

陆德彪. 茶叶加工[M]. 南昌: 江西科学技术出版社, 2015.

童启庆. 茶树栽培学[M]. 北京: 中国农业出版社, 2000.

尹军峰, 陆德彪. 名优绿茶机械化采制技术与装备[M]. 北京: 中国农业科学技术出版社, 2018.

郑旭霞. 西湖龙井茶树栽培[M]. 杭州: 浙江科学技术出版社, 2020.

周铁锋. 茶树病虫害草害防治[M]. 南昌: 江西科学技术出版社, 2015.

后 记

　　本书从筹划到出版历时一年多，经数次修改和完善最终才得以定稿。本书在编撰过程中，得到了浙江省茶产业技术创新与推广服务团队相关专家及中国特色农业（茶叶）气象服务中心、浙江省茶叶学会、丽水市农业科学研究院茶叶研究所等单位的大力支持和帮助，特别是浙江大学茶叶研究所陆建良教授、杭州市农业科学研究院茶叶研究所郑旭霞正高级农艺师和武义县农业农村局提供的部分宝贵照片，中国农业科学院茶叶研究所颜鹏副研究员提供的相关最新研究资料，在此表示衷心的感谢！

　　由于编者水平所限，书中难免有不妥之处，敬请广大读者提出宝贵意见，以便进一步修订和完善。